Wilhelm Blaschke

Kreis und Kugel

2., durchgesehene und verbesserte Auflage

WALTER DE GRUYTER & CO.
vormals G. J. Göschen'sche Verlagshandlung / J. Guttentag, Verlagsbuchhandlung
Georg Reimer / Karl J. Trübner / Veit & Comp.
BERLIN 1956

Mit 27 Figuren

Vorwort

Es sind jetzt 40 Jahre verflossen, seit im ersten Weltkrieg dieses Lehrbuch „Kreis und Kugel“ zuerst erschienen ist, in dem die Kleinsteigenschaften beider Figuren in elementarer Weise behandelt werden und darüber hinaus Eigenschaften konvexer Körper. Es scheint, daß dieses Buch von mir auf jüngere Geometer anregend gewirkt hat, denn manche neuere Untersuchung dieses alten Fragenkreises, der auf ARCHIMEDES zurückgeht, hat daran angeknüpft. An solchen neueren Schriften nenne ich zunächst: T. BONNESEN und W. FENCHEL, *Theorie der konvexen Körper*, Ergebnisse der Mathematik. Berlin, Springer 1934; L. FEJES TÓTH, *Lagerungen in der Ebene, auf der Kugel und im Raum*, Springer-Verlag 1953; A. D. ALEXANDROW, *Die innere Geometrie der konvexen Flächen*, Akademie-Verlag Berlin 1955, und insbesondere H. HADWIGER, *Altes und Neues über konvexe Körper*, Birkhäuser Verlag Basel und Stuttgart 1955. Es ist in diesen letzten Jahrzehnten viel Neues auf diesem Felde gefunden worden. Trotzdem habe ich bei der Neugestaltung meines alten Buches im wesentlichen die frühere Form beibehalten, da es auf einfache Art in die Gedanken einführt, die von den alten Griechen ausgehend in Deutschland besonders durch J. STEINER, H. A. SCHWARZ, H. BRUNN und H. MINKOWSKI gefördert worden sind. Doch habe ich die spätere Entwicklung durch Hinweise auf seit 1916 erschienene Schriften berücksichtigt.

Es handelt sich also hier in erster Linie um die „*isoperimetrischen Haupteigenschaften*“ von Kreis und Kugel, nämlich bei gegebenem Inhalt kleinsten Umfang und kleinstes Oberflächenmaß zu besitzen. Bei den Beweisen wird insbesondere an Verfahren von STEINER und BRUNN angeknüpft, die den Vorzug großer Anschaulichkeit haben. Naturgemäß schließen sich daran Betrachtungen, die allgemein für „konvexe Körper“ gültig bleiben, also für solche Punktmengen im Raum, die mit zweien ihrer Punkte immer auch deren geradlinige Verbindungsstrecke mitenthalten.

Ich gedenke heute wieder meines verstorbenen Freundes und Kollegen G. HERGLOTZ, dem ich auch beim Entstehen dieser Schrift viel zu danken habe.

Winter 1955/56

Wilhelm Blaschke

Inhalt

Erster Teil

Die Minimumeigenschaft des Kreises

Zweiter Teil

Die Minimumeigenschaft der Kugel

Dritter Teil

Ergebnisse über konvexe Körper von Schwarz, Brunn und Minkowski

Vierter Teil

Neue Aufgaben über Extreme bei konvexen Körpern

Anhang

Ausblick auf weitere Untersuchungen über konvexe Körper

Erster Teil.

Die Minimumeigenschaft des Kreises.

§ 1. Das Viergelenkverfahren von Steiner.

Steiner hat (wohl im Zusammenhang mit Untersuchungen von S. Lhuilier, Warschau 1782) eine einfache geometrische Konstruktion angegeben[1], die ermöglicht, zu jeder geschlossenen und nicht kreisförmigen ebenen Kurve K eine neue Kurve K^* aufzusuchen, die wieder eben und geschlossen ist, ferner *gleichen* Umfang, aber *größeren* Flächeninhalt hat wie K. Aus der Möglichkeit dieser Konstruktion ergibt sich sofort, daß K keine Lösung der „isoperimetrischen" Aufgabe sein kann, nämlich unter allen geschlossenen ebenen Kurven den größtmöglichen Flächeninhalt zu umgrenzen. Keine andere Kurve als der Kreis kann also diese Eigenschaft haben.

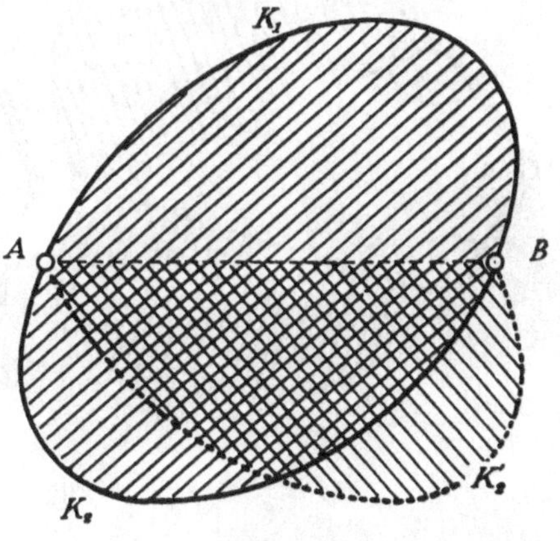

Fig. 1.

Die angekündigte Konstruktion Steiners, die wir das „Viergelenkverfahren" nennen wollen, geht folgendermaßen vor sich. Auf K wählen wir zwei Punkte A und B, die den Umfang von K hälften, das heißt so, daß die beiden Teilbogen K_1 und K_2, in die K durch A und B zerlegt wird, gleiche Bogenlänge haben (Fig. 1). Die Bezeichnung sei etwa so gewählt, daß die Flächeninhalte F_1 und F_2, die die Bogen K_1 und K_2 mit der Strecke $\overline{AB}$ abgrenzen, in der Beziehung stehen $F_1 \geqq F_2$. Wir löschen nun den Bogen K_2 und setzen an seine Stelle den Bogen K_2', der aus K_1 durch Spiegelung an der Geraden AB hervorgeht. Die aus K_1 und K_2'

[1] Gesammelte Werke, II. Bd., S. 193 u. f.

zusammengesetzte geschlossene Kurve K' ist symmetrisch zur Achse AB und hat offenkundig gleichen Umfang mit K. Zwischen den Flächeninhalten

$$F = F_1 + F_2 \quad \text{und} \quad F' = 2\,F_1$$

von K und K' besteht die Beziehung

$$F \leqq F' .$$

Damit sind wir noch nicht zu Ende, da möglicherweise das Gleichheitszeichen gelten kann. Fügen wir zunächst eine Bemerkung hinzu: K war nach Voraussetzung kein Kreis. Wir können daher die Teilungspunkte A und B sicher so wählen, daß keiner der Teilbogen K_1 und K_2 ein Halbkreis wird. Dann ist aber auch K' kein Kreis.

Wir können also auf der symmetrischen Kurve K' einen von A und B verschiedenen Punkt C so wählen, daß der Winkel γ des Dreiecks ABC bei C kein rechter ist. D sei das Spiegelbild von C bezüglich der Geraden AB. Schneidet man nun die Fläche des Vierecks $ACBD$ aus der von K' umgrenzten Fläche heraus, so

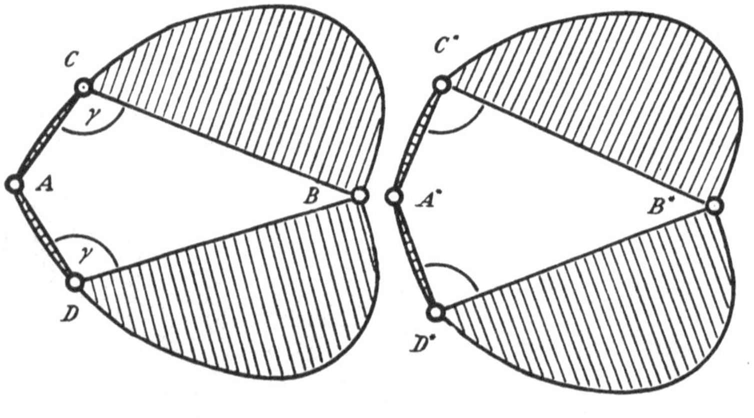

Fig. 2.

bleiben vier „Monde" übrig, die in der beigegebenen Fig. 2 schraffiert sind. Diese Monde denken wir uns starr aus Pappe gefertigt und miteinander in den Ecken $ACBD$ durch Ösen gelenkig verbunden. Damit ist ein „Viergelenk" entstanden, das außen krummlinig von K' und innen geradlinig von den Viereckseiten begrenzt ist.

Dieses Viergelenk bewegen wir nun nach $A^* C^* B^* D^*$ so, daß die Winkel des neuentstandenen Vierecks bei C^* und D^* rechte Winkel werden. Die symmetrische Kurve K^*, die die neue Lage unseres Viergelenks umschließt, leistet das Gewünschte. Der Umfang von K^* setzt sich nämlich aus vier Teilbogen zusammen, die den entsprechenden Bogen auf K' kongruent sind. K^* hat also gleichen Umfang mit K' und K. Der Unterschied der Flächeninhalte F' und F^* von K' und K^* ist, da die Monde ungeändert geblieben sind, gleich dem Unterschied der Vierecksflächen Φ und Φ^* von $ACBD$ und $A^*C^*B^*D^*$.

$$F^* - F' = \Phi^* - \Phi .$$

Sind nun a und b die den Ecken A und B des Dreiecks ABC gegenüberliegenden Seiten und γ der Winkel bei C, so haben wir

$$\Phi^* - \Phi = ab(1 - \sin\gamma) > 0 .$$

Es ist also $F^* > F'$ und somit

$$F^* > F,$$

d. h. die Fläche von K^* ist tatsächlich größer als die von K.

§ 2. Die Existenzfrage

Ist durch die vorgetragene Schlußweise Steiners, wenn wir uns die darin verwendeten Begriffe wie „geschlossene ebene Kurve“, „Bogenlänge“ und „Flächeninhalt“ genau umgrenzt denken — worauf wir bald zurückkommen — wirklich der Nachweis für die isoperimetrische Eigenschaft des Kreises erbracht? Wiederholen wir, es wurde gezeigt: Ist K eine geschlossene ebene Kurve, aber kein Kreis, so kann man durch das Viergelenkverfahren dazu immer eine neue geschlossene ebene Kurve K^* konstruieren, die *gleichen* Umfang und *größeren* Flächeninhalt besitzt. K kann also keine Lösung des isoperimetrischen Problems sein.

Wenn es also unter allen geschlossenen ebenen Kurven gegebenen Umfangs eine gibt, deren Flächeninhalt $\geqq$ dem Flächeninhalt jeder anderen ist, so kann sie nur ein Kreis sein.

Die Voraussetzung aber, daß eine solche Lösung unserer Aufgabe wirklich existiert, wird man zunächst als selbstverständlich erfüllt ansehen. Bei tieferem Eindringen jedoch zeigt sich, daß gerade in diesem Punkte eine Hauptschwierigkeit verborgen ist.

Vom Flächeninhalt F einer geschlossenen ebenen Kurve K von gegebenem Umfang L kann man leicht einsehen, daß er unter einer endlichen Schranke liegen muß, z. B. kann man, wie wir hier nicht näher ausführen wollen, da wir später (§ 5) darauf zurückkommen, die Ungleichung

$$F < L^2$$

herleiten. Die Menge aller Zahlen F, das ist die Menge der Flächeninhalte aller Kurven mit dem Umfang L, ist also, wie man kurz sagt, „beschränkt“. Manche Mathematiker sagen auch „geschränkt“, um nicht zu Kränkungen Anlaß zu geben. Jede Zahl, die größer ist als alle F, z. B. L^2, nennt man eine „*Schranke*“. Die Stetigkeit der reellen Zahlenreihe äußert sich, wie der Theologe B. Bolzano schon 1817 erkannt hat[1], darin, daß es unter diesen Schranken eine kleinste gibt, die man die *obere Grenze* der Menge aller Zahlen F nennt.

Nehmen wir z. B. die Menge aller Zahlen

$$\tfrac{1}{2},\ \tfrac{2}{3},\ \tfrac{3}{4},\ \tfrac{4}{5},\ldots,$$

so hat diese die Eins als obere Grenze. An diesem Beispiel sieht man schon, daß die obere Grenze nicht der Menge selbst angehören muß, daß es also in einer beschränkten unendlichen Menge nicht notwendig eine größte Zahl gibt.

Wir haben somit zu zeigen, daß es in der Menge aller Zahlen F eine größte Zahl F_0 gibt, dann erst wird durch das Viergelenkverfahren die Maximumeigenschaft des Kreises völlig bewiesen sein.

Die Stellungnahme Steiners zur Existenzfrage geht aus seinen Schriften nicht klar hervor. Geiser erzählt in seiner sehr lesenswerten Gedächtnisrede[2] auf Steiner, der ein etwas schrullenhafter Sonderling gewesen sein muß, daß Dirichlet ohne Erfolg den Versuch gemacht habe, Steiner von der Lückenhaftigkeit seiner Schlußweise zu überzeugen. Immerhin hat aber Steiner manchmal gewisse Bedenken gehabt, während er nämlich meistens die Existenz als selbstverständlich ansieht, schreibt er an einer Stelle: „. . . und zwar läßt sich der Beweis sehr kurz führen, wenn man voraussetzt, daß es eine größte Figur geben müsse“.[3]

Später hat man die Schwierigkeiten, die sich einem Existenzbeweis entgegenstellen, für unüberwindlich gehalten und erst Weierstrass hat in Vorlesungen, die er in den siebziger Jahren des vergangenen Jahrhunderts an der Berliner Universität abgehalten hat, die allgemeinen von ihm in die Variationsrechnung eingeführten Hilfsmittel auch dazu verwendet, um die Maximumeigenschaft des Kreises streng zu begründen.

---

[1] „Rein analytischer Beweis, daß zwischen je zwei Werten, die ein entgegengesetztes Resultat gewähren, wenigstens eine reelle Wurzel der Gleichung liege“ (S. 41ff.). Wegen der Lehre von den reellen Zahlen sei etwa verwiesen auf: O. Hölder, Die Arithmetik in strenger Begründung, Leipzig 1914.

[2] C. F. Geiser: Zur Erinnerung an J. Steiner, Zürich 1874.

[3] Gesammelte Werke II, S. 197. Anmerkung.

Hier soll nun der Nachweis auf dem Wege erbracht werden, daß wir an Stelle beliebiger geschlossener Kurven zuerst Vielecke ins Auge fassen und dann hinterher die krummen Linien durch Vielecke annähern. Dieser Beweisgang, nämlich die Vorwegnahme der isoperimetrischen Eigenschaften der Vielecke, ist schon dem ältesten Werke eigentümlich, das sich mit diesen Fragen beschäftigt, nämlich dem Buche des Griechen Zenodor, *περὶ ἰσοπεριμέτρων σχημάτων*, das vielleicht um 150 v. Chr. erschienen ist.

Es gelingt so allein mit dem Viergelenkverfahren Steiners ohne Variationsrechnung und ohne höhere analytische Hilfsmittel zu Ende zu kommen. Zum Existenzbeweis bei Vielecken genügt nämlich der Existenzsatz von Weierstrass über stetige Funktionen, den wir in unserem Sonderfall ausführlich begründen (§ 5). Hinterher zeigen wir noch, wie man auch dieses Hilfsmittel entbehren und den Existenzbeweis für Vielecke auf rein elementarer Grundlage erbringen kann (§ 6).

§ 3. Flächeninhalt von Vielecken.

Nehmen wir in unserer Ebene ein rechtwinkliges Koordinatensystem an. O sei der Koordinatenanfang, T_1, T_2 seien zwei Punkte[1] mit den Koordinaten $x_1, y_1; x_2, y_2$. Der Flächeninhalt des Dreiecks OT_1T_2 sei durch die Formel definiert

$$\text{Fläche}\{OT_1T_2\} = \tfrac{1}{2}(x_1 y_2 - y_1 x_2).$$

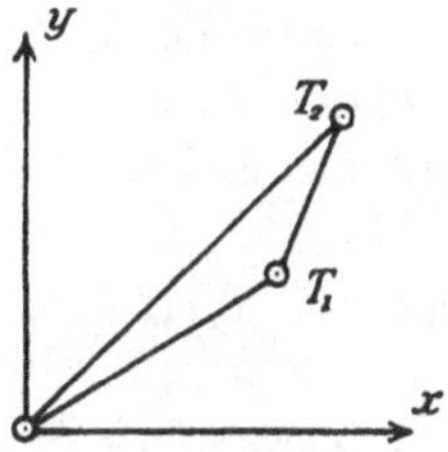

Fig. 3a.

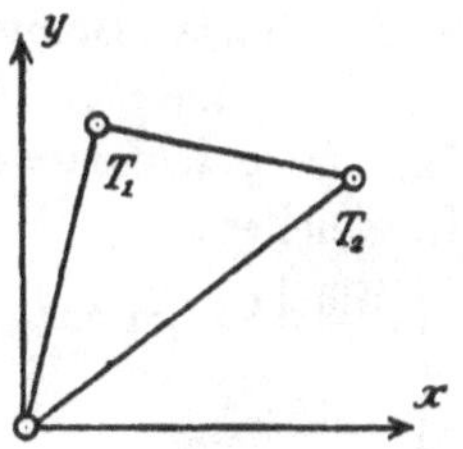

Fig. 3b.

Dieser Ausdruck bleibt nämlich, wie man sofort nachrechnet, bei einer Drehung des Koordinatensystems

$$\begin{cases} x = x^* \cos\varphi - y^* \sin\varphi, \\ y = x^* \sin\varphi + y^* \cos\varphi \end{cases}$$

[1] Unter einem „Punkt" ist hier stets ein reeller und „eigentlicher" (das heißt im Endlichen liegender) Punkt des Euklidischen Raumes zu verstehen. Die Einführung von Fernpunkten und imaginären Elementen bietet hier keinen Vorteil.

ungeändert
$$x_1 y_2 - y_1 x_2 = x_1^* y_2^* - y_2^* x_2^*$$
und in der besonderen Lage, wenn etwa T_1 auf die x-Achse fällt ($y_1 = 0$), erkennt man die geometrische Bedeutung des Ausdrucks. Der so erklärte Flächeninhalt hat positives Zeichen, wenn die Eckpunkte $O\,T_1\,T_2$ im positiven Umlaufsinn aufeinanderfolgen (Fig. 3a) und bei negativem Umlaufsinn negatives Zeichen (Fig. 3b).

Nehmen wir nun endlich viele Punkte $T_1, T_2 \dots T_{n+1}$ mit den Koordinaten $x_1, y_1; x_2, y_2; \dots x_{n+1}, y_{n+1}$. Unter dem Flächeninhalte des Vielecks mit den Ecken $O\,T_1\,T_2 \dots T_{n+1}$ verstehen wir die Summe der Dreiecksflächen:
$$\text{Fläche}\{O\,T_1\,T_2 \dots T_{n+1}\} = \text{Fläche}\{O\,T_1\,T_2\} + \text{Fläche}\{O\,T_2\,T_3\} + \dots$$
$$+ \text{Fläche}\{O\,T_n\,T_{n+1}\} = \tfrac{1}{2}\sum_{k=1}^{n}\{x_k y_{k+1} - y_k x_{k+1}\}.$$
Nehmen wir nun insbesondere an, T_{n+1} falle mit T_1 zusammen ($x_{n+1} = x_1$, $y_{n+1} = y_1$). Dann ist dieser Flächeninhalt von der Wahl des Koordinatenanfangs O unabhängig. Denn setzen wir
$$\begin{cases} x_k = x_k^* + \xi, \\ y_k = y_k^* + \eta, \end{cases}$$
so finden wir
$$\sum_1^n \{x_k y_{k+1} - y_k x_{k+1}\} = \sum_1^n \{x_k^* y_{k+1}^* - y_k^* x_{k+1}^*\}$$
$$+ \xi \sum_1^n \{y_{k+1}^* - y_k^*\} - \eta \sum_1^n \{x_{k+1}^* - x_k^*\}$$
und die beiden letzten Summen verschwinden wegen des Zusammenfallens von T_{n+1} und T_1. Wir wollen diesen Ausdruck daher als *Flächeninhalt des geschlossenen Vielecks* mit den Ecken $T_1\,T_2 \dots T_n$ erklären. In Zeichen:
$$(1)\quad \begin{cases} \text{Fläche}\{O\,T_1\,T_2 \dots T_n\,T_1\} = \text{Fläche}\{T_1\,T_2 \dots T_n\,T_1\} \\ \qquad = \tfrac{1}{2}\sum_1^n \{x_k y_{k+1} - y_k x_{k+1}\}. \end{cases}$$
Unter einem *Vieleck* ist dabei eine endliche Anzahl n von Punkten $T_1, T_2, \dots T_n, T_{n+1} = T_1$ zu verstehen, die nicht notwendig verschieden zu sein brauchen, die aber in zyklischer Reihenfolge angeordnet sind.

Fügen wir die beiden betrachteten Änderungen des Koordinatensystems, die Drehung und die Schiebung zusammen, so sehen wir, daß bei jeder *gleichsinnigen* Änderung der Koordinaten
$$(2)\quad \begin{cases} x = x^* \cos\varphi - y^* \sin\varphi + \xi, \\ y = x^* \sin\varphi + y^* \cos\varphi + \eta \end{cases}$$
der Ausdruck für den Flächeninhalt ungeändert oder invariant bleibt.

Man kann die Formeln (2) aber auch anders deuten, nämlich bei festgehaltenem Koordinatenkreuz als eine Bewegung

$$T_1 T_2 \ldots T_n \longrightarrow T_1^* T_2^* \ldots T_n^*$$

unseres Vielecks. Dann sehen wir: *Zwei gleichsinnig kongruente Vielecke haben gleichen Flächeninhalt.* Ändert man etwa das Vorzeichen einer Koordinate, so sieht man ebenso: *Zwei gegensinnig kongruente Vielecke, insbesondere zwei spiegelbildliche Vielecke haben entgegengesetzt gleiche Flächen.*

Eine andere Folgerung aus unserer Formel für den Flächeninhalt wäre diese: *Ändert man den Umlaufsinn eines Vielecks, so ändert der Flächeninhalt sein Zeichen*:

$$\text{Fläche}\,\{T_1 T_2 \ldots T_n T_1\} + \text{Fläche}\,\{T_1 T_n \ldots T_2 T_1\} = 0,$$

während eine Abänderung der Ecken, die ihre zyklische Reihenfolge aufrecht erhält, ohne Bedeutung ist:

$$\text{Fläche}\,\{T_1 T_2 \ldots T_n T_1\} - \text{Fläche}\,\{T_2 T_3 \ldots T_1 T_2\} = 0.$$

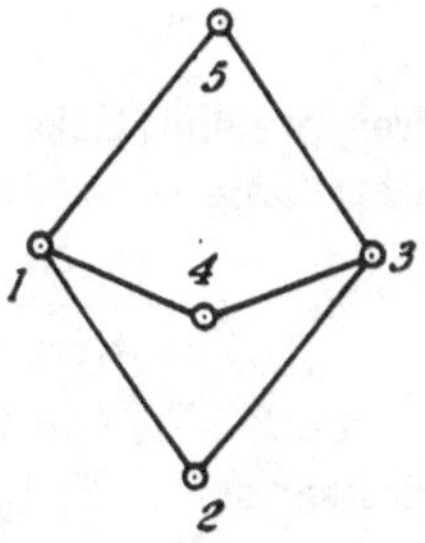

Fig. 4.

Haben zwei Vielecke eine Aufeinanderfolge von Ecken in verkehrter Reihenfolge gemeinsam, so addieren sich ihre Flächeninhalte, wie sich aus unserer Formel (1) ergibt, in einfacher Weise. So ist z. B. (vgl. die Fig. 4):

$$\text{Fläche}\,\{T_1 T_2 T_3 T_4 T_1\} + \text{Fläche}\,\{T_1 T_4 T_3 T_5 T_1\} = \text{Fläche}\,\{T_1 T_2 T_3 T_5 T_1\}.$$

Diese *additive Eigenschaft* des Flächeninhalts, die die Zweckmäßigkeit der Festsetzungen über die Vorzeichen ins rechte Licht rückt, wird beim Viergelenkverfahren eine wesentliche Rolle spielen.

Während der Flächeninhalt nach unserer Erklärung positiver und negativer Werte fähig ist, wollen wir den *Umfang* eines Vielecks stets positiv annehmen:

$$\text{Umfang}\,\{T_1 T_2 \ldots T_n T_1\} = \sum_1^n \overline{T_k T_{k+1}},$$

worin die Seitenlängen alle positiv in Rechnung zu ziehen sind.

§ 4. Anwendung des Viergelenkverfahrens auf Vielecke

Wir stellen uns nun die folgende Aufgabe: *Ein gleichseitiges Vieleck V mit vorgeschriebener gerader Eckenzahl n $\{n = 6, 8, 10 \ldots\}$ und gegebenem Umfang Λ soll so bestimmt werden, daß sein Flächeninhalt ein Maximum wird.*

Ein gleichseitiges Vieleck soll *regelmäßig* genannt werden, wenn seine Ecken auf einem Kreise liegen und bei einmaligem Umlaut des Kreises alle gerade einmal der Reihe nach durchlaufen werden. Dann können wir mit dem schon in § 1 angewandten Verfahren zeigen: *Nur ein regelmäßiges (im positiven Sinn umlaufenes) Vieleck kann die Lösung unserer Aufgabe sein.*

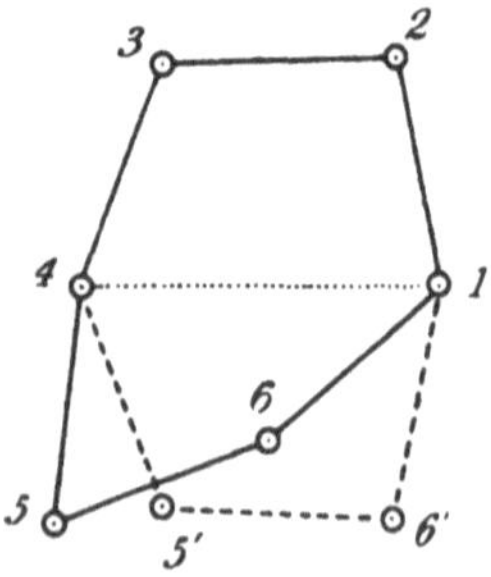

Fig. 5.

Die Fläche jedes anderen gleichseitigen n-Ecks können wir nämlich bei Aufrechterhaltung der Seitenlängen vergrößern mittels des Viergelenkverfahrens. Nehmen wir, um ein bestimmtes Beispiel vor Augen zu haben, etwa $n = 6$ (Fig. 5). Denken wir uns die Ecken so nummeriert — es ist uns ja nur der Umlaufsinn vorgeschrieben und es steht uns noch frei, welche Ecke wir mit T_1 bezeichnen wollen —, daß etwa die Beziehung gilt:

$$\text{Fläche}\,\{T_1\,T_2\,T_3\,T_4\,T_1\} \geqq \text{Fläche}\,\{T_4\,T_5\,T_6\,T_1\,T_4\}.$$

Unser gleichseitiges Sechseck V ersetzen wir nun durch ein neues V', das zur Verbindungsgeraden $T_1\,T_4$ symmetrisch liegt. Seine Ecken seien $T_1\,T_2\,T_3\,T_4\,T_5'\,T_6'$, wo T_5' und T_6' zu T_3 und T_2 symmetrisch liegen. (In dem besonderen Falle, daß T_1 und T_4 zusammenfallen, kann man irgendeine Gerade durch diesen Punkt als Verbindungslinie ansehen und zur Symmetrieachse von V' wählen.)

Beachtet man nun, daß bei Spiegelung und ebenso bei Änderung des Umlaufsinns sich das Vorzeichen ändert, so haben wir:

$$\text{Fläche}\,\{T_1\,T_2\,T_3\,T_4\,T_1\} = -\,\text{Fläche}\,\{T_1\,T_6'\,T_5'\,T_4\,T_1\} = \text{Fläche}\,\{T_1\,T_4\,T_5'\,T_6'\,T_1\}.$$

Aus der additiven Eigenschaft des Flächeninhalts ergibt sich weiter

$$\text{Fläche}\,\{T_1\,T_2\,T_3\,T_4\,T_1\} + \text{Fläche}\,\{T_1\,T_4\,T_5'\,T_6'\,T_1\} = \text{Fläche}\,\{V'\}$$

und aus der früheren Ungleichheit folgt daher

$$\text{Fläche}\,\{V\} \leqq \text{Fläche}\,\{V'\}.$$

Offenbar ist aber

$$\text{Umfang}\,\{V\} = \text{Umfang}\,\{V'\}.$$

Wir schlagen nun über der Strecke $T_1\,T_4$ den Kreis und wollen etwa annehmen, T_2 soll nicht auf dem Halbkreis liegen, den man durchläuft, wenn man von T_1 im positiven Umlaufsinn nach T_2 geht; mit anderen Worten, der Winkel zwischen den gerichteten Geraden $\overrightarrow{T_1\,T_2}$ und $\overrightarrow{T_2\,T_4}$ soll kein positiver rechter Winkel sein. Dann kann man das Viergelenkverfahren anwenden, indem man Gelenke in $T_1 T_2 T_4 T_6'$ anbringt.

Auf Grund der additiven Eigenschaft des Flächeninhalts stellt man dann genau auf die in § 1 besprochene Art fest, daß das Sechseck V^*, das man aus V' durch den Viergelenkprozeß erhält, das also bei T_2^* einen rechten Winkel zwischen $\overrightarrow{T_1^* T_2^*}$ und $\overrightarrow{T_2 T_4^*}$ besitzt, einen *größeren* Flächeninhalt hat wie V'. Wir haben dann

$$\text{Fläche } \{V\} \leqq \text{Fläche } \{V'\} < \text{Fläche } \{V^*\},$$
$$\text{Umfang } \{V\} = \text{Umfang } \{V'\} = \text{Umfang } \{V^*\},$$

V kann also keine Lösung unserer Maximumaufgabe sein.

Wann läßt sich dieses Viergelenkverfahren nicht anwenden? Nur dann, wenn T_2 und T_3 auf dem Halbkreise liegen, der von T_1 nach T_4 im positiven Sinne läuft. Unser Vergrößerungsverfahren kann nur dann versagen, wenn erstens die Verbindungslinie je zweier gegenüberliegender Ecken (T_1, T_4; T_2, T_5; T_3, T_6) den Flächeninhalt halbiert und wenn überdies alle Ecken auf einem Kreise liegen, und zwar im positiven Umlaufsinn. Dann ist aber das Sechseck regelmäßig. Dieselbe Schlußweise gilt für beliebiges gerades n.

Damit ist das behauptete Ergebnis abgeleitet.

§ 5. Existenzbeweis für Vielecke

Um den Beweis zu Ende zu führen, daß das regelmäßige n-Eck die Lösung der Aufgabe des § 4 ist, bedarf es nach den in § 2 auseinandergesetzten Gründen noch eines Existenzbeweises: *Unter allen gleichseitigen Vielecken mit vorgeschriebener Eckenzahl n und gegebenem Umfang Λ gibt es eines, dessen Flächeninhalt $\geqq$ dem Flächeninhalt aller anderen ist.*

Zunächst sieht man mittels einer ganz rohen Abschätzung leicht ein: *Die Flächeninhalte aller dieser zulässigen n-Ecke liegen unter der endlichen Schranke $\Lambda^2 : 4$.*

Verlegen wir nämlich eine Ecke T_1 nach O. Jede Entfernung $\overline{OT_k}$ ist dann $\leqq \Lambda : 2$, denn O und T_k sind durch zwei Streckenzüge verbunden, deren Summe gleich Λ ist, von denen also sicher einer $\leqq \Lambda : 2$ sein muß und um so mehr genügt daher die geradlinige Verbindung $\overline{OT_k}$ dieser Ungleichheit, da in einem Dreieck die Summe zweier Seiten größer ist als die dritte. Da ferner $\overline{T_k T_{k+1}} = \Lambda : n$ ist, so haben wir

$$|\text{ Dreiecksfläche } \{O T_k T_{k+1}\} \,| < \frac{1}{4n} \Lambda^2.$$

Da anderseits

$$|\,\Phi\,| = |\text{ Fläche}\{T_1 T_2 \ldots T_n T_1\}\,| < n.\text{Maximum } |\text{ Fläche}\{O T_k T_{k+1}\}\,|$$

sein muß, so haben wir wirklich die behauptete Abschätzung

$$(*) \qquad |\,\Phi\,| < \tfrac{1}{4} \Delta^2,$$

die sich ohne Mühe noch verschärfen ließe.[1]

Die beschränkte Menge aller Flächeninhalte Φ der zulässigen Vielecke hat daher eine kleinste obere Schranke oder „obere Grenze“ Φ_0 und es bleibt zu beweisen, daß es mindestens ein zulässiges Vieleck gibt, dessen Flächeninhalt diesen Wert Φ_0 hat. Dazu verfährt man so.

Da es unter den zulässigen Vielecken solche gibt, deren Flächeninhalt von der oberen Grenze Φ_0 beliebig wenig abweicht, so können wir eine Folge von zulässigen Vielecken $V_1, V_2, V_3, \ldots$ konstruieren, deren Flächeninhalte $\Phi_1, \Phi_2, \Phi_3, \ldots$ sich mit wachsender Fußmarke k dem Werte Φ_0 unbegrenzt nähern, was man durch die Formel ausdrückt

$$\lim_{k \to \infty} \Phi_k = \Phi_0 .$$

Dabei kann man durch geeignete Verschiebungen erreichen, daß alle diese Vielecke $V_1, V_2, V_3 \ldots$ einen Eckpunkt O gemein haben.

Wir wollen zeigen, daß wir aus dieser Vielecksfolge $V_1, V_2, V_3 \ldots$ eine Teilfolge von Vielecken herausgreifen können, die gegen ein zulässiges Vieleck mit dem Flächeninhalt Φ_0 konvergieren.

Dazu bezeichnen wir zunächst die Ecken des n-Ecks V_k ausgehend von O in der richtigen Reihenfolge mit $O = T_{k1}, T_{k2}, \ldots T_{kn}$. Die unendliche Punktmenge $T_{12}, T_{22}, T_{32} \ldots$ liegt innerhalb des Kreises von O mit dem Durchmesser Δ, hat also sicher mindestens einen Häufungspunkt T_{02}, d. h. einen Punkt, in dessen beliebiger Nähe unendlich viele Punkte der Menge liegen, wobei T_{02} der Menge $T_{12}, T_{22}, T_{32} \ldots$ selbst angehören kann oder auch nicht. Man kann dann aus der Vielecksfolge $V_1, V_2, V_3 \ldots$ eine Teilfolge so herausheben, daß die zu dieser Teilfolge gehörigen Eckpunkte T_{k2} nur den einzigen Häufungspunkt T_{02} haben, also, wie man sagt, nach T_{02} konvergieren. Ich will die so gewählte Teilfolge von $V_1, V_2, V_3 \ldots$, um die Bezeichnung nicht zu verwickelt zu gestalten, wieder mit V_1, V_2, V_3 bezeichnen, indem ich aus der ursprünglichen Folge nicht brauchbare Vielecke V weggelöscht denke. Die Ecken T_{13},

[1] Mit $|\,\Phi\,|$ bezeichnet man bekanntlich die positive Zahl, die gleich oder entgegengesetzt gleich Φ ist, je nachdem $\Phi > 0$ oder < 0 ist.

T_{23}, T_{33}, ... der neuen Folge liegen wieder in dem Kreise um O mit dem Durchmesser Λ, haben also wieder einen Häufungspunkt T_{03} und ich richte durch geeignete Löschungen die Sache wieder so ein, daß sie nur diesen Häufungspunkt haben. Wiederholt man dieses Löschungsverfahren $(n-1)$-mal, so erreicht man schließlich eine Vielecksfolge V_1, V_2, V_3 ... mit der Eigenschaft, daß jede der Punktfolgen T_{1k}, T_{2k}, T_{3k} ... einen einzigen Häufungspunkt T_{0k} besitzt:

$$\lim_{j\to\infty} T_{jk} = T_{0k} \quad \text{für} \quad k = 1, 2, \ldots n.$$

Das Grenzvieleck V_0 mit den Ecken T_{01}, T_{02}, ... T_{0n} leistet das Gewünschte. Zunächst folgt nämlich aus

$$\overline{T_{jk}T_{jk+1}} = \Lambda : n,$$

daß auch

$$\overline{T_{0k}T_{0k+1}} = \Lambda : n$$

sein muß, d. h. daß auch V_0 gleichseitig ist und den Umfang Λ hat.

Jetzt müssen wir aus

$$\lim_{j\to\infty} \Phi_j = \Phi_0$$

noch schließen, daß V_0 den Flächeninhalt Φ_0 hat. Jedenfalls können wir zu jeder (beliebig kleinen) positiven Zahl ε eine natürliche Zahl N so finden, daß alle Entfernungen $\overline{T_{jk}T_{0k}} < \varepsilon$ sind für $k = 1, 2, 3 \ldots n$ und für alle $j > N$. Wir haben nun für den Flächeninhalt von V_0, den wir zunächst mit Φ_0^* bezeichnen wollen, und für den Flächeninhalt Φ_j von V_j die Formeln

$$\Phi_0^* = \tfrac{1}{2}\sum_{k=1}^{n}\{x_{0k}y_{0k+1} - y_{0k}x_{0k+1}\},$$

$$\Phi_j = \tfrac{1}{2}\sum_{k=1}^{n}\{x_{jk}\,y_{jk+1} - y_{jk}\,x_{jk+1}\}.$$

Durch Subtraktion und Zwischenschaltung von zwei sich weghebenden Gliedern folgt

$$\Phi_0^* - \Phi_j = \tfrac{1}{2}\sum_{k=1}^{n}\left\{\begin{matrix} +\,(x_{0k}y_{0k+1} - y_{0k}x_{0k+1}) - (x_{0k}y_{jk+1} - y_{0k}\,x_{jk+1}) \\ +\,(x_{0k}y_{jk+1} - y_{0k}x_{jk+1}) - (x_{jk}\,y_{jk+1} - y_{jk}\,x_{jk+1}) \end{matrix}\right\}.$$

Beachtet man nun, daß

$$|x_j| < \tfrac{1}{2}\Lambda, \qquad |y_j| < \tfrac{1}{2}\Lambda,$$

$$|x_{0k} - x_{jk}| < \varepsilon, \qquad |y_{0k} - y_{jk}| < \varepsilon$$

ist, so findet man

$$|\Phi_0^* - \Phi_j| < n\Lambda\varepsilon.$$

Daraus folgt aber das gewünschte Ergebnis

$$\Phi_0^* = \lim_{j \to \infty} \Phi_j = \Phi_0 .$$

V_0 gehört also zu den zulässigen Vielecken und hat den Flächeninhalt Φ_0. Der behauptete Existenzsatz ist bestätigt.

Der vorgetragene Beweis dafür, daß aus

$$V_0 = \lim_{j \to \infty} V_j$$

folgt

$$\text{Fläche}\,\{V_0\} = \lim_{j \to \infty} \text{Fläche}\,\{V_j\},$$

was wir auch so schreiben können:

$$\text{Fläche} \lim_{j \to \infty} \{V_j\} = \lim_{j \to \infty} \text{Fläche}\,\{V_j\},$$

stützt sich nur darauf, daß der Flächeninhalt eine *stetige* Funktion der Eckpunktskoordinaten ist. Wir haben also an unserem speziellen Beispiel den bekannten Satz bestätigt gefunden, daß bei einer stetigen Funktion das Limeszeichen und das Funktionszeichen vertauschbar sind.

Was wir hier im Ganzen bewiesen haben, ist für unseren Sonderfall der Existenzsatz von Weierstrass über stetige Funktionen, der für Funktionen von einer Veränderlichen so lautet: Ist eine Funktion auf einer Strecke mit Einschluß ihrer Endpunkte stetig, so erreicht sie ihren größten und kleinsten Wert.

Nach dem Ergebnis des § 4 und dem jetzigen ist nun folgendes völlig bewiesen:

Es sei Φ der Flächeninhalt eines nicht regelmäßigen gleichseitigen Vielecks mit gerader Seitenzahl und Φ_0 der Flächeninhalt des regelmäßigen positiv umlaufenen Vielecks mit dem gleichen Umfang und derselben Seitenzahl, dann ist stets

$$\Phi < \Phi_0 .$$

Die Beschränkung auf Vielseite mit *gerader* Seiten- und Eckenzahl ist natürlich ganz unwesentlich und wird später beseitigt.

In diesem Abschnitt haben wir von einem Grenzprozeß Anwendung gemacht und sind damit aus dem Kreis der Elementarmathematik herausgetreten, um auf spätere ähnliche Entwicklungen im Falle der räumlichen Geometrie vorzubereiten. Notwendig war dieses Hereinziehen höherer Hilfsmittel nicht, wie wir im nächsten Abschnitt zeigen wollen, wo wir dasselbe Ergebnis noch einmal auf elementarem Weg herleiten werden.

§ 6. Gleichseitige Vielecke und trigonometrische Ausdrücke [1]

Das Ergebnis, welches für die gleichseitigen Vielecke auf geometrischem Wege hergeleitet wurde, soll jetzt noch einmal rechnerisch gewonnen werden, und zwar auf völlig elementare Art, ohne Verwendung irgendeines Grenzüberganges. Dazu werden uns (endliche) trigonometrische Ausdrücke dienen, das heißt Ausdrücke von der Form

$$f(\varphi) = c_0 + c_1 \cos\varphi + c_2 \cos 2\varphi + \ldots + c_m \cos m\varphi$$
$$+ c_1^* \sin\varphi + c_2^* \sin 2\varphi + \ldots + c_m^* \sin m\varphi .$$

Wir wollen φ gleichentfernte Werte

$$\varphi = \frac{2\pi}{n},\quad 2\frac{2\pi}{n},\quad 3\frac{2\pi}{n},\ldots\quad n\frac{2\pi}{n}$$

durchlaufen lassen und die zugehörigen Werte von $f(\varphi)$ mit

$$f(\varphi) = z_1,\quad z_2,\quad z_3,\ldots\quad z_n$$

bezeichnen. Nehmen wir zunächst an, n sei ungerade und zwischen den natürlichen Zahlen m und n bestehe die Beziehung

$$n = 2m + 1,$$

so ist die Anzahl n der z gleich der Anzahl der Koeffizienten c. Schreibt man die z vor, so hat man für die n Unbekannten c die n linearen Gleichungen

$$(1)\qquad z_p = c_0 + \sum_{k=1}^{m} \left\{ c_k \cos kp\frac{2\pi}{n} + c_k^* \sin kp\frac{2\pi}{n} \right\},$$
$$p = 1, 2, 3, \ldots n .$$

Wenn wir zeigen, daß die Determinante des Gleichungssystems, deren p-te Zeile aus den Elementen

$$1,\quad \cos 1p\frac{2\pi}{n},\quad \cos 2p\frac{2\pi}{n},\ldots\quad \cos mp\frac{2\pi}{n};$$
$$\sin 1p\frac{2\pi}{n},\quad \sin 2p\frac{2\pi}{n},\ldots\quad \sin mp\frac{2\pi}{n}$$

besteht, von Null verschieden ist, so ist bewiesen, daß das System eine und nur eine Lösung in den Unbekannten c besitzt. Wir wollen die Determinante mit sich selbst nach Spalten multiplizieren, dann stellt sich heraus, daß nur in der Hauptdiagonale der Produktdeterminante von Null verschiedene Elemente stehen.

Zunächst gelten nämlich, wie wir zeigen wollen, die Gleichungen

$$(2)\qquad \sum_{p=1}^{n} \cos kp\frac{2\pi}{n} = 0 \quad \text{für} \quad k = 1, 2, \ldots m .$$

[1] Kann übergangen werden.

Man beweist dies am bequemsten mittels der Formel von L. Euler

$$e^{i\omega} = \cos\omega + i\sin\omega, \quad \{i^2 = -1\}.$$

Setzt man nämlich

$$\varepsilon = e^{ik\frac{2\pi}{n}},$$

so ist

$$\varepsilon^n = 1. \tag{3}$$

Anderseits hat man

$$\sum_{p=1}^{n} \cos kp\frac{2\pi}{n} = \Re\sum_{1}^{n}\varepsilon^p,$$

wenn man mit $\Re(\alpha + i\beta) = \alpha$ den Realteil bezeichnet. Für die geometrische Reihe gilt aber die Summenformel

$$\sum_{1}^{n}\varepsilon^p = \varepsilon\frac{1-\varepsilon^n}{1-\varepsilon} \tag{4}$$

und das ist nach (3) gleich Null. Damit ist (2) bewiesen. Ebenso findet sich, wenn man den Imaginärteil unserer geometrischen Reihe für sich betrachtet

$$\sum_{p=1}^{n} \sin kp\frac{2\pi}{n} = 0 \quad \text{für} \quad k = 1, 2, \ldots m. \tag{5}$$

Die Formeln (2) und (5) haben noch einen erweiterten Geltungsbereich: Ihre Herleitung bleibt richtig, sobald der Nenner $1 - \varepsilon$ in (4) von Null verschieden ist, sobald also k kein Vielfaches von n ist.

Unter den Elementen der Produktdeterminante kommen noch andere Summen vor, diese kann man aber mittels der Additionstheoreme

$$\begin{aligned} \cos(\alpha+\beta) &= \cos\alpha\cos\beta - \sin\alpha\sin\beta, \\ \sin(\alpha+\beta) &= \sin\alpha\cos\beta + \cos\alpha\sin\beta \end{aligned} \tag{6}$$

auf die Summen (2) und (5) zurückführen.

Mittels (6) ergibt sich nämlich

$$\begin{aligned} \cos kp\frac{2\pi}{n}\cos lp\frac{2\pi}{n} &= \frac{1}{2}\left\{+\cos(k+l)p\frac{2\pi}{n} + \cos(k-l)p\frac{2\pi}{n}\right\}, \\ \cos kp\frac{2\pi}{n}\sin lp\frac{2\pi}{n} &= \frac{1}{2}\left\{+\sin(k+l)p\frac{2\pi}{n} - \sin(k-l)p\frac{2\pi}{n}\right\}, \\ \sin kp\frac{2\pi}{n}\sin lp\frac{2\pi}{n} &= \frac{1}{2}\left\{-\cos(k+l)p\frac{2\pi}{n} + \cos(k-l)p\frac{2\pi}{n}\right\}. \end{aligned} \tag{7}$$

Daher ist nach (2) und (5)

$$
(8) \qquad \begin{cases}
\sum_{p=1}^{n} \cos k p \frac{2\pi}{n} \cos l p \frac{2\pi}{n} \begin{cases} = 0 & \text{für } k \neq l, \\ = \frac{n}{2} & \text{für } k = l, \end{cases} \\
\sum_{p=1}^{n} \cos k p \frac{2\pi}{n} \sin l p \frac{2\pi}{n} = 0, \\
\sum_{p=1}^{n} \sin k p \frac{2\pi}{n} \sin l p \frac{2\pi}{n} \begin{cases} = 0 & \text{für } k \neq l, \\ = \frac{n}{2} & \text{für } k = l. \end{cases}
\end{cases}
$$

Dabei durchlaufen k und l die Zahlen $1, 2, 3 \ldots m$.

In der Produktdeterminante sind also tatsächlich nur die Elemente der Hauptdiagonale von Null verschieden, nämlich gleich n oder gleich $n:2$. Das Quadrat der Determinante des Gleichungssystems (1) ist demnach gleich dem Produkt dieser Elemente und daher von Null verschieden. Somit existiert gerade eine Lösung in den c. Unsere Formeln (2), (5), (8) gestatten auch diese Lösung — von der wir später keinen Gebrauch machen werden — sofort hinzuschreiben. Man findet nämlich

$$
(9) \qquad \begin{cases}
c_0 = \frac{1}{n} \sum_{p=1}^{n} z_p, \\
\left.\begin{aligned} c_k &= \frac{2}{n} \sum_{p=1}^{n} z_p \cos k p \frac{2\pi}{n}, \\ c_k^* &= \frac{2}{n} \sum_{p=1}^{n} z_p \sin k p \frac{2\pi}{n}, \end{aligned}\right\} k = 1, 2, \ldots m.
\end{cases}
$$

Der Inhalt der Formeln (1) ist eine sogenannte lineare Substitution, die die c mit den z verbindet. Das Schema oder, wie man auch sagt, die *Matrix* der Koeffizienten der Substitution sieht so aus:

$$
\left\| \begin{array}{lllll}
1; & \cos 1.1.\frac{2\pi}{n}, & \sin 1.1.\frac{2\pi}{n}; & \cos 2.1.\frac{2\pi}{n}, & \sin 2.1.\frac{2\pi}{n}; \\
 & & & \ldots \cos m.1.\frac{2\pi}{n}, & \sin m.1.\frac{2\pi}{n}. \\
1; & \cos 1.2.\frac{2\pi}{n}, & \sin 1.2.\frac{2\pi}{n}; & \cos 2.2.\frac{2\pi}{n}, & \sin 2.2.\frac{2\pi}{n}; \\
 & & & \ldots \cos m.2.\frac{2\pi}{n}, & \sin m.2.\frac{2\pi}{n}. \\
\vdots & & \vdots & \vdots & \vdots \\
1; & \cos 1.n.\frac{2\pi}{n}, & \sin 1.n.\frac{2\pi}{n}; & \cos 2.n.\frac{2\pi}{n}, & \sin 2.n.\frac{2\pi}{n}; \\
 & & & \ldots \cos m.n.\frac{2\pi}{n}, & \sin m.n.\frac{2\pi}{n}.
\end{array} \right\|
$$

Die in den Formeln (2), (5), (8) enthaltenen Beziehungen zwischen den Koeffizienten lassen sich so in Worte fassen: Kombiniert man eine Spalte der Koeffizientenmatrix mit sich selber, so erhält man ein von Null verschiedenes Ergebnis (nämlich n oder $n:2$) und kombiniert man zwei verschiedene Spalten, so erhält man immer Null. Das sind im Wesentlichen ***die kennzeichnenden Eigenschaften einer sogenannten orthogonalen Matrix.***

Bilden wir die Quadratsumme der z, so finden wir zufolge der Orthogonalitätseigenschaften (2), (5), (8) die für alles Folgende grundlegende Formel:

$$\frac{1}{n}\sum_{1}^{n} z_p^{\,2} = c_0^{\,2} + \frac{1}{2}\sum_{1}^{m}\{c_k^{\,2} + c_k^{*2}\} \tag{10}$$

Auch diese identische Beziehung ist für die Orthogonalität der Substitution (1) kennzeichnend, denn aus (10) kann man wieder rückwärts auf die Gültigkeit der Orthogonalitätsbeziehungen (2), (5), (8) schließen.

Aus (10) kann man ohne weiteres eine etwas allgemeinere Formel herleiten, die sich auf zwei verschiedene Größenreihen bezieht. Setzen wir

$$z_p = c_0 + \sum_{k=1}^{m}\left\{c_k \cos k p \frac{2\pi}{n} + c_k^{*} \sin k p \frac{2\pi}{n}\right\},$$

$$\zeta_p = \gamma_0 + \sum_{k=1}^{m}\left\{\gamma_k \cos k p \frac{2\pi}{n} + \gamma_k^{*} \sin k p \frac{2\pi}{n}\right\},$$

und wenden wir auf die $z_p + \lambda \zeta_p$ die Formel (10) an, so erhalten wir durch Vergleichung der in λ linearen Glieder

$$\frac{1}{n}\sum_{1}^{n} z_p \zeta_p = c_0 \gamma_0 + \frac{1}{2}\sum_{1}^{m}\{c_k \gamma_k + c_k^{*} \gamma_k^{*}\} \tag{10*}$$

Etwas anders fallen die Formeln aus, wenn wir n als gerade $n = 2m$ annehmen.

Dann setzen wir

$$\begin{aligned} z_p = c_0 + c_1 \cos p \frac{\pi}{m} + c_2 \cos 2p \frac{\pi}{m} + \ldots + c_{m-1} \cos (m-1) p \frac{\pi}{m} \\ + c_m \cos m p \frac{\pi}{m} \\ + c_1^{*} \sin p \frac{\pi}{m} + c_2^{*} \sin 2p \frac{\pi}{m} + \ldots + c_{m-1}^{*} \sin (m-1) p \frac{\pi}{m} \cdot \end{aligned}$$

So stimmt wieder die Anzahl n der z mit der Zahl der Koeffizienten c überein. Die Gleichungen (2) und (5) gelten wie vorhin, aber die Formeln (8) erfahren eine kleine Änderung, es wird nämlich

$$(8') \qquad \sum_{p=1}^{n} \cos k p \frac{\pi}{m} \cos k p \frac{\pi}{m} \begin{cases} = m & \text{für } k < m, \\ = n & \text{für } k = m. \end{cases}$$

An Stelle von (10*) tritt also jetzt die Formel

$$(10') \qquad \boxed{\frac{1}{n} \sum_{p=1}^{n} z_p \zeta_p = c_0 \gamma_0 + c_m \gamma_m + \frac{1}{2} \sum_{k=1}^{m-1} \{c_k \gamma_k + c_k^* \gamma_k^*\}}\ .$$

Die gewonnenen Ergebnisse werden wir nun auf die Vielecke anzuwenden haben.

Die Zahl n der Eckpunkte x_p, y_p $\{p = 1, 2, \ldots n\}$ sei etwa zunächst ungerade. Dann können wir, wie bewiesen wurde, die Koeffizienten a und b so wählen, daß die Koordinaten sich in der Form darstellen lassen:

$$(11) \qquad \begin{cases} x_p = a_0 + \sum\limits_{k=1}^{m} a_k \cos k p \dfrac{2\pi}{n} + a_k^* \sin k p \dfrac{2\pi}{n}, \\[2ex] y_p = b_0 + \sum\limits_{k=1}^{m} b_k \cos k p \dfrac{2\pi}{n} + b_k^* \sin x p \dfrac{2\pi}{n}, \end{cases}$$

$$p = 1, 2 \ldots n; \qquad n = 2m + 1.$$

Wir wollen nun berechnen, wie sich Umfang und Flächeninhalt des Vielecks durch die Konstanten a und b ausdrücken lassen.

Bilden wir zunächst $x_{p+1} - x_p$ und formen wir uns diese Differenz etwas um, bis sie die Form annimmt wie früher z_p. Wir finden:

$$\begin{aligned} x_{p+1} - x_p = \sum_{k=1}^{m} a_k &\left\{\cos k (p+1) \frac{2\pi}{n} - \cos k p \frac{2\pi}{n}\right\} \\ &+ a_k^* \left\{\sin k (p+1) \frac{2\pi}{n} - \sin k p \frac{2\pi}{n}\right\} \\ = \sum_{k=1}^{m} &\left\{a_k \left(\cos k \frac{2\pi}{n} - 1\right) + a_k^* \sin k \frac{2\pi}{n}\right\} \cos k p \frac{2\pi}{n} \\ + &\left\{- a_k \sin k \frac{2\pi}{n} + a_k^* \left(\cos k \frac{2\pi}{n} - 1\right)\right\} \sin k p \frac{2\pi}{n}\ . \end{aligned}$$

Benutzt man nun die Formel (10), indem man die in den geschweiften

Klammern stehenden Ausdrücke mit den Koeffizienten c zusammenfallen läßt, so erhält man:

$$\frac{1}{n}\sum_{p=1}^{n}(x_{p+1}-x_p)^2=\sum_{k=1}^{m}(a_k^2+a_k^{*2})\left(1-\cos k\frac{2\pi}{n}\right).$$

Vertauscht man die Buchstaben x, a mit y, b, so ergibt sich ebenso

$$\frac{1}{n}\sum_{p=1}^{n}(y_{p+1}-y_p)^2=\sum_{k=1}^{m}(b_k^2+b_k^{*2})\left(1-\cos k\frac{2\pi}{n}\right)$$

und durch Addition

$$\frac{1}{n}\sum_{p=1}^{n}(x_{p+1}-x_p)^2+(y_{p+1}-y_p)^2=\sum_{k=1}^{m}(a_k^2+a_k^{*2}+b_k^2+b_k^{*2})2\sin^2 k\frac{\pi}{n}.$$

Sind alle Vieleckseiten gleich lang, so ist dieser Ausdruck gleich dem Quadrat der Vieleckseite oder, wenn Λ den Umfang bedeutet, gleich $\Lambda^2 : n^2$.

Wir haben also für den Umfang eines gleichseitigen $(2m+1)$-Ecks die Formel gefunden:

$$\text{(12)}\qquad \boxed{\Lambda^2=n^2\sum_{k=1}^{m}(a_k^2+a_k^{*2}+b_k^2+b_k^{*2})\,2\sin^2 k\frac{\pi}{n}}\,.$$

Berechnen wir jetzt den Flächeninhalt Φ! Es ist

$$2\,\Phi=\sum_{p=1}^{n}(x_p y_{p+1}-y_p x_{p+1})=\sum_{p=1}^{n}x_p(y_{p+1}-y_p)-\sum_{p=1}^{n}y_p(x_{p+1}-x_p).$$

Verwenden wir für $x_{p+1}-x_p$ den gefundenen Ausdruck und für $y_{p+1}-y_p$ den analogen, den man wieder dadurch erhält, daß man x, a durch y, b ersetzt, so findet man durch zweimalige Verwendung der Formel (10):

$$\text{(13)}\qquad \boxed{2\,\Phi=n\sum_{k=1}^{m}(a_k b_k^*-b_k a_k^*)\sin k\frac{2\pi}{n}}\,.$$

Bei einem *regelmäßigen* n-Eck, dessen Umkreis den Halbmesser R hat, ergibt sich für Umfang und Flächeninhalt:

$$\Lambda=2\,nR\sin\frac{\pi}{n},$$

$$\Phi=n\,R^2\sin\frac{\pi}{n}\cos\frac{\pi}{n},$$

es besteht also die Beziehung:

$$\Delta^2 - 4n \operatorname{tg}\frac{\pi}{n} \cdot \Phi = 0.$$

Wenn wir nun beweisen können, daß für jedes andere gleichseitige n-Eck die Ungleichheit gilt

$$\Delta^2 - 4n \operatorname{tg}\frac{\pi}{n} \cdot \Phi > 0,$$

so ist die Minimumeigenschaft des regelmäßigen Vielecks bewiesen.

Aus unseren Formeln (12) und (13) ergibt sich durch eine leichte Umformung

(14)
$$\Delta^2 - 4n \operatorname{tg}\frac{\pi}{n} \cdot \Phi = 2n^2 \sum_{k=1}^{m} \left\{ \begin{array}{l} + \left(a_k \sin k\frac{\pi}{n} - b_k^* \cos k\frac{\pi}{n} \operatorname{tg}\frac{\pi}{n}\right)^2 \\ + \left(a_k^* \sin k\frac{\pi}{n} + b_k \cos k\frac{\pi}{n} \operatorname{tg}\frac{\pi}{n}\right)^2 \\ + (b_k^2 + b_k^{*2}) \cos^2 k\frac{\pi}{n} \left(\operatorname{tg}^2 k\frac{\pi}{n} - \operatorname{tg}^2\frac{\pi}{n}\right) \end{array} \right\}.$$

Da hierin rechts lauter nicht negative Glieder stehen, denn es ist

$$\operatorname{tg} k\frac{\pi}{n} - \operatorname{tg}\frac{\pi}{n} \geqq 0 \quad \text{für} \quad k = 1, 2, \ldots m,$$

$$(n = 2m + 1)$$

so ist in unserer Formel (14) tatsächlich die Beziehung

$$\Delta^2 - 4n \operatorname{tg}\frac{\pi}{n} \cdot \Phi \geqq 0$$

enthalten und es handelt sich nur mehr darum, aus ihr festzustellen, wann das Gleichheitszeichen gilt.

Zunächst ergibt sich aus der Betrachtung des dritten Summanden, daß im Falle der Gleichheit alle b_k und b_k^* für $k > 1$ verschwinden müssen. Aus dem Verschwinden der beiden ersten Summanden folgt weiter, daß auch alle $a_k = 0$, $a_k^* = 0$ sind für $k > 1$ und daß $a_1 - b_1^* = 0$ und $a_1^* + b_1 = 0$ wird. Wir finden also für die Koordinaten der Eckpunkte die Darstellung:

(15)
$$\left\{ \begin{array}{l} x_p - a_0 = a_1 \cos p\frac{2\pi}{n} - b_1 \sin p\frac{2\pi}{n}, \\ y_p - b_0 = a_1 \sin p\frac{2\pi}{n} + b_1 \cos p\frac{2\pi}{n}. \end{array} \right. \qquad p = 1, 2, \ldots n.$$

Das n-Eck mit diesen Eckpunktskoordinaten ist aber in der Tat regelmäßig.

Bisher haben wir die Eckenzahl n als ungerade $n = 2m + 1$ vorausgesetzt und es bleibt noch zu untersuchen, wie sich die Formeln ändern, wenn wir n gerade $n = 2m$ annehmen. Aus (10') sieht man, daß man aus den Formeln (12), (13), (14) die für gerades n gültigen Formeln einfach dadurch erhalten wird, daß man a_m, a_m^*, b_m, b_m^* der Reihe nach ersetzt durch $\sqrt{2}\,a_m$, $0, \sqrt{2}\,b_m$, 0. Man erhält auf diese Art genau so wie zuvor die Beziehung:

$$\Lambda^2 - 4n\,\mathrm{tg}\,\frac{\pi}{n}\cdot\Phi \geqq 0$$

und erkennt, daß das Gleichheitszeichen nur dann richtig ist, wenn sich die Eckpunktskoordinaten in der Form (15) schreiben lassen, wenn also das Vieleck regelmäßig ist. Damit ist das gewünschte Ergebnis erreicht.[1]

§ 7. Bogenlänge einer Kurve

Will man jetzt, ausgehend von der auf zwei verschiedene Arten bewiesenen Maximumeigenschaft der regelmäßigen Vielecke, die isoperimetrische Eigenschaft des Kreises beweisen, so ist es zunächst notwendig, sich mit den Begriffen „Bogenlänge" und „Flächeninhalt" auseinanderzusetzen. Dabei sind gewisse Schwierigkeiten zu überwinden, die aber im Wesen der Sache liegen. Dafür bildet das Studium dieser Begriffe die Quelle der Infinitesimalrechnung, wie man in Arbeiten von ARCHIMEDES bis LEBESGUE bestätigen kann.

Die im Intervall $a \leqq t \leqq b$ stetigen Funktionen $x(t)$, $y(t)$ geben eine Parameterdarstellung

$$x = x(t), \qquad y = y(t)$$

einer *„stetigen Kurve"* K mit dem Anfangspunkt A und dem Endpunkt B. Wir werden von den Funktionen $x(t)$, $y(t)$ stets voraussetzen, daß es kein Teilintervall $\alpha \leqq x \leqq \beta$ gibt, in dem die Funktionen beide konstant sind; wir nehmen also an, daß niemals einem ganzen Intervall des Parameters t ein einziger Kurvenpunkt zugeordnet ist.

Nehmen wir auf K irgendwelche Punkte $T_1, T_2, \ldots T_{n-1}$ an, die den Parameterwerten $t_1, t_2, \ldots t_{n-1}$ in der Anordnung:

$$a < t_1 < t_2 \ldots < t_{n-1} < b$$

entsprechen! Verbinden wir die Punkte $A, T_1, T_2, \ldots T_{n-1}, B$ der Reihe nach durch geradlinige Strecken, so erhalten wir einen „der

[1] Die Formeln (12), (13) und (14) gehen, wenn man den Grenzübergang $n \to \infty$ ausführt, in Beziehungen über, die A. HURWITZ angegeben hat. Sur quelques applications géométriques des séries de FOURIER, Annales de l'école normale supérieure (3) 19 (1902), S. 357—408.

Kurve K einbeschriebenen Streckenzug". Die Länge eines Streckenzuges, d. h. die Summe aller positiv zu nehmender Strecken $\overline{AT_1}$, $\overline{T_1 T_2}, \ldots \overline{T_{n-1} B}$ sei Λ.

Liegen die Längen Λ aller K einbeschriebener Streckenzüge unter einer endlichen Schranke, so nennt man K streckbar. Die obere Grenze aller Λ nennt man die Bogenlänge L von K.

Diese Erklärung des Begriffs Bogenlänge, die sich auf die Tatsache stützt, daß in einem Dreieck die Summe zweier Seiten größer ist als die dritte, geht im wesentlichen auf ARCHIMEDES zurück. In neuerer Zeit ist sie von G. PEANO wieder aufgenommen worden.

Nach der Erklärung des Begriffs „obere Grenze" ist also für alle Längen Λ

$$\Lambda \leqq L$$

und es gibt zu jedem positiven ε stets Werte Λ, die der Ungleichheit

$$\Lambda > L - \varepsilon$$

genügen.

Schalten wir zwischen den beiden Punkten A und B auf K einen dritten Punkt M ein, der einem Parameterwerte $t = m\{a < m < b\}$ entspricht, so besteht zwischen den Bogenlängen der beiden Teilbogen, in die K durch M zerschnitten wird, und zwischen der Gesamtlänge in leicht verständlicher Bezeichnung die Beziehung

$$L_a^b = L_a^m + L_m^b.$$

Zunächst ergibt sich nämlich aus der Definition der Bogenlänge sofort

$$L_a^b \geqq L_a^m + L_m^b,$$

da man bei der Annäherung an K auch Streckenzüge benutzen kann, die in M keine Ecke haben. Anderseits können wir bei beliebig vorgeschriebenem positivem ε einen K einbeschriebenen Streckenzug V so bestimmen, daß für dessen Länge Λ die Ungleichheit gilt:

$$L_a^b - \Lambda_a^b < \varepsilon.$$

Nehmen wir zu den Ecken von V noch die M als Ecke hinzu, so erhalten wir einen neuen Streckenzug von der Länge $\Lambda_a^m + \Lambda_m^b \geqq \Lambda_a^b$. Wir haben daher auch

$$L_a^b - \Lambda_a^m - \Lambda_m^b < \varepsilon.$$

Deshalb haben wir um so mehr

$$L_a^b - L_a^m - L_m^b < \varepsilon$$

für jedes positive ε. Das gibt

$$L_a^b \leqq L_a^m + L_m^b$$

und wegen der zuvor bewiesenen Ungleichheit bleibt nur mehr die Möglichkeit

$$L_a^b = L_a^m + L_m^b$$

offen. Damit ist diese *additive Eigenschaft* der Bogenlänge bestätigt.

Eine unmittelbare Folgerung der Definition der Bogenlänge ist die Eigenschaft der Geraden, die kürzeste zu sein: *Verbindet man zwei Punkte A und B durch eine stetige und streckbare Kurve K, die von der Verbindungsstrecke $\overline{AB}$ verschieden ist, so ist ihre Länge größer als diese Strecke.*

Enthält nämlich K einen Punkt M, der nicht der Strecke $\overline{AB}$ angehört, so gilt für die Länge L von K

$$L \geqq \overline{AM} + \overline{MB}$$

und die rechte Seite ist nach dem Satz über die Seitensumme im Dreieck $> \overline{AB}$. Damit ist

$$L > \overline{AB}$$

bewiesen. Fällt hingegen K auf die ganz oder zum Teil mehrfach überdeckte Strecke $\overline{AB}$, so ist der Satz selbstverständlich.

Betrachten wir jetzt eine *geschlossene* stetige Kurve K

$$x = x(t), \quad y = y(t), \quad a \leqq t \leqq b,$$
$$x(a) = x(b), \quad y(a) = y(b).$$

Man kann die Beschränkung von t auf das Intervall $a \leqq t \leqq b$ aufheben, wenn man festsetzt, daß die Funktionen $x(t), y(t)$ die Periode $b - a$ haben sollen, d. h. daß

$$x(t + b - a) = x(t), \quad y(t + b - a) = y(t)$$

sein soll für alle Werte von t. Durch eine lineare Substitution

$$\varphi = pt + q$$

können wir erreichen, daß das Intervall $a \leqq t \leqq b$ in das Intervall $0 \leqq \varphi \leqq 2\pi$ übergeführt wird. Ersetzen wir t durch φ, so erhalten wir zwei stetige Funktionen

$$x = x(\varphi), \quad y = y(\varphi)$$

von der Periode 2π. Setzen wir überdies

$$\xi = \cos\varphi, \quad \eta = \sin\varphi,$$

so durchläuft der Punkt ξ, η den Einheitskreis. Jedem Punkt dieses Kreises entspricht ein bis auf Vielfache von 2π bestimmter Wert des Parameters φ und diesen Parameterwerten entspricht ein einziger Punkt auf K. Wir können deshalb unsere Erklärung der stetigen geschlossenen Kurve mehr geometrisch so fassen:

Unter einer stetigen und geschlossenen Kurve versteht man das eindeutige und stetige Abbild eines Kreises.

Eine solche Kurve braucht also nicht eineindeutiges Abbild eines Kreises zu sein, sie kann z. B. die Gestalt einer Acht haben, also einen Doppelpunkt besitzen — oder auch ganz auf eine (mehrfach bedeckte) Gerade fallen (z. B. $x = \cos\varphi$, $y = 0$).

Nun haben wir zu erklären, was unter dem *Umfang* einer geschlossenen Kurve verstanden werden soll. Dazu fassen wir unsere geschlossene Kurve K als Kurvenbogen auf, dessen Anfangspunkt A und Endpunkt B, die den Parameterwerten $t = a, b$ entsprechen, zusammenfallen. Die Länge L_a^b dieses Kurvenbogens ist definiert und sie soll der Umfang L von K heißen:

$$L = L_a^b.$$

Ich behaupte, L ist unabhängig von der Wahl des Punktes $A = B$ auf K, oder in Zeichen

$$L_a^b = L_{a+c}^{b+c}.$$

Zerlegen wir nämlich links und rechts nach unserer Regel über die Addition von Bogenlängen, so haben wir zu zeigen, daß

$$L_a^{a+c} + L_{a+c}^b = L_{a+c}^b + L_b^{b+c}$$

oder

$$L_a^{a+c} = L_b^{b+c}$$

ist. Diese letzte Gleichung ist aber wegen der Periodizität tatsächlich erfüllt.

Man kann dieser Erklärung des Umfanges nun auch noch eine andere Wendung geben: *Man zeichne irgend ein K einbeschriebenes Vieleck, d. h. ein Vieleck, dessen Ecken in der richtigen zyklischen Reihenfolge auf K liegen. Ist die obere Grenze L der Umfänge Λ aller dieser einbeschriebenen Vielecke V endlich, so heißt K streckbar und L ist der Umfang von K.*

§ 8. Annäherung einer Kurve durch Vielecke

Nehmen wir jetzt wieder einen streckbaren Kurvenbogen K

$$x = x(t), \quad y = y(t); \quad a \leqq t \leqq b,$$

dessen Anfangspunkt A und Endpunkt B nicht notwendig zusammenfallen sollen. Wir zeigen, daß die Annäherung der Bogenlänge L von K durch die Längen Λ der eingeschriebenen Streckenzüge in gewissem Sinne *gleichmäßig* erfolgt. Es sei nämlich V ein solcher eingeschriebener Streckenzug, dessen Ecken den Parameterwerten

$$a = t_0 < t_1 < t_2 \dots \quad < t_n = b$$

entsprechen. Dann gilt folgender Satz:

Man kann zu jeder positiven Zahl ε eine positive Zahl δ so bestimmen, daß die Länge Λ jedes eingeschriebenen Streckenzugs V von der Länge L von K um weniger abweicht als ε

$$L - \Lambda < \varepsilon,$$

sobald nur alle Parameterunterschiede

$$t_k - t_{k-1} < \delta; \quad k = 1, 2 \dots n$$

sind.

Kürzer aber weniger scharf ausgedrückt: Die Annäherung des Umfangs durch einen eingeschriebenen Streckenzug ist beliebig genau, wenn nur die Ecken des Streckenzuges dicht genug liegen.

Man beweist das etwa so. Nach der Erklärung von L kann man einen K einbeschriebenen Streckenzug V' finden, dessen Länge Λ' sich L beliebig nähert:

$$L - \Lambda' < \frac{\varepsilon}{2}.$$

$T_0 = A, T_1', T_2' \dots, T_m' = B$ seien die Ecken von V'. Wählen wir dann δ zunächst kleiner als alle Parameterunterschiede

$$\delta < t_k' - t_{k-1}'; \quad k = 1, 2 \dots m,$$

so liegt „zwischen" zwei aufeinanderfolgenden Ecken T_{k-1}', T_k' von V' sicher mindestens eine Ecke T_r von V. Der Streckenzug V'', der sowohl die Eckpunkte von V wie die von V' enthält, hat eine Länge Λ'', für die

$$\Lambda'' \geqq \Lambda' \quad \text{und daher} \quad L - \Lambda'' < \frac{\varepsilon}{2}$$

ist. Es sei nun T_k' zwischen den Ecken T_r und T_{r+1} gelegen. Dann können wir wegen der Stetigkeit von K durch geeignete Wahl von δ die Entfernungen $\overline{T_r T_k'}$ und $\overline{T_k' T_{r+1}}$ kleiner als eine beliebig vorgelegte positive Zahl η machen. Es ist dann

$$\Lambda'' - \Lambda = \sum \{\overline{T_r T_k'} + \overline{T_k' T_{r+1}} - \overline{T_r T_{r+1}}\}$$
$$< \sum \{\overline{T_r T_k'} + \overline{T_k' T_{r+1}}\} < 2 \eta m.$$

Daraus folgt

$$L - \Lambda < \frac{\varepsilon}{2} + 2 \eta m.$$

Wir können nun δ so wählen, daß

$$\eta < \frac{\varepsilon}{4m}$$

wird und dann haben wir

$$L - \Lambda < \varepsilon$$

erreicht, wie wir es haben wollten.

Betrachten wir nun insbesondere die Annäherung durch *gleichseitige* Streckenzüge. Schließen wir den Anfangspunkt A von K in eine Kreisscheibe vom Halbmesser ϱ ein, die A zum Mittelpunkt hat, und wählen wir ϱ so klein, daß K nicht ganz in diese Kreisscheibe hineinfällt. Den ersten Punkt von K, d. h. den Punkt, der dem kleinsten t-Wert entspricht und auf dem Rande der Kreisscheibe liegt, nennen wir T_1. Um T_1 als Mittelpunkt beschreiben wir neuerdings eine Kreisscheibe von demselben Halbmesser ϱ und nennen den ersten auf T_1 folgenden Punkt, der auf dem Rande dieser zweiten Scheibe liegt, T_2. So fahren wir fort und erhalten einen gleichseitigen K einbeschriebenen Streckenzug von der Seitenlänge ϱ. Da die Länge dieses Streckenzuges kleiner sein muß als die Länge L des streckbar vorausgesetzten Bogens K, so müssen wir nach endlich vielen Schritten zu einem Punkt T_p kommen $\{p < L:\varrho\}$ mit der Eigenschaft, daß der Teilbogen von K zwischen T_p und B in die Kreisscheibe um den Mittelpunkt T_p mit dem Halbmesser ϱ zu liegen kommt. Verbinden wir nun die Punkte $A, T_1, T_2, \ldots, T_p, B$ der Reihe nach durch geradlinige Strecken, so erhalten wir einen Streckenzug V_*, der K einbeschrieben ist und dessen p erste Seiten von der Länge ϱ sind, während die letzte $\leqq \varrho$ ist.

Nun wollen wir folgendes beweisen: *Man kann ϱ so klein wählen, daß die zu den Eckpunkten $A = T_0, T_1 \ldots, T_p, T_{p+1} = B$ gehörigen Parameterunterschiede $t_{k+1} - t_k$ alle kleiner als eine beliebig vorgeschriebene positive Zahl δ werden*:

$$t_{k+1} - t_k < \delta \quad \text{für} \quad k = 0, 1, 2 \ldots p.$$

Das sieht man etwa so ein: Man zeichne einen Streckenzug V' mit den Ecken $A = T_0', T_1', \ldots T_{m+1}' = B$, so daß die zugehörigen Parameterunterschiede $t_{k+1}' - t_k' < \delta:2$ sind. Da wir annehmen, daß keinem Teilintervall $\alpha \leqq t \leqq \beta$ ein einziger Punkt von K entspricht, so können wir V' so wählen, daß keine zwei aufeinanderfolgenden Eckpunkte T_k' und T_{k+1}' zusammenfallen. Nehmen wir dann 2ϱ kleiner an als die kleinste Seitenlänge von V', so liegt zwischen zwei aufeinanderfolgenden Ecken T' mindestens eine Ecke T und daher sind alle Differenzen $t_{k+1} - t_k < \delta$, wie wir es haben wollten.

Der Streckenzug V_* ist wegen $\overline{T_p B} \leqq \varrho$ im allgemeinen nicht gleichseitig. Ersetzen wir aber diese letzte Seite durch einen Streckenzug mit 2 oder 3 Seiten von der Länge ϱ, so erhalten wir an Stelle von V_* einen gleichseitigen Streckenzug V^*, bei dem wir z. B. die Gesamtzahl der Seiten als gerade voraussetzen können. V^* ist dann nicht mehr in dem früheren Sinn K einbeschrieben, da die ein oder zwei Ecken von K zwischen T_p und B im allgemeinen nicht auf K liegen werden. Nehmen wir $A = B$, also K geschlossen, so unterscheiden sich die Flächeninhalte der Vielecke V_* und V^* um den Flächeninhalt des Drei- oder Vierecks mit den Ecken T_p, B und der neuen oder den neuen Ecken von V^*, also nach der Abschätzungsformel (*) von S. 10 um weniger als $4\varrho^2$, während die Umfänge um weniger als 3ϱ verschieden sind.

Aus dem an der Spitze dieses Paragraphen stehenden Satzes können wir jetzt schließen: *Ist ε beliebig klein und positiv vorgeschrieben, so können wir die Seitenlänge ϱ eines K annähernden gleichseitigen Vielecks V^* mit gerader Eckenzahl stets so wählen, daß zwischen den zugehörigen Umfängen die Ungleichheit gilt*

$$L - \Lambda^* < \varepsilon.$$

Nun sind wir mit unseren Vorbereitungen, soweit sie die Bogenlänge oder den Umfang betreffen, zu Ende und wir wenden uns zur Untersuchung des Begriffs „Flächeninhalt". Dazu brauchen wir noch eine Vorbereitung.

§ 9. Funktionen beschränkter Schwankung

Die stetige Kurve K

$$x = x(t), \quad y = y(t), \quad a \leqq t \leqq b$$

sei streckbar. Welchen Bedingungen müssen dann die Funktionen $x(t)$ und $y(t)$ genügen? Es muß die Summe[1]

$$\sum_{k=1}^{n} \sqrt{\{x(t_k) - x(t_{k-1})\}^2 + \{y(t_k) - y(t_{k-1})\}^2},$$

für alle Intervallteilungen

$$a = t_0 < t_1 < t_2 < \dots < t_n = b$$

beschränkt sein. Nun ist

$$\sqrt{\{x(t_k) - x(t_{k-1})\}^2 + \{y(t_k) - y(t_{k-1})\}^2} \geqq |x(t_k) - x(t_{k-1})|,$$
$$\geqq |y(t_k) - y(t_{k-1})|.$$

[1] Die Quadratwurzeln sind stets *positiv* auszuziehen!

Wir finden also: Die Funktion $x(t)$ muß die Eigenschaft haben, daß für alle Intervallteilungen die Summe

$$\sum_{k=1}^{n} |x(t_k) - x(t_{k-1})|$$

beschränkt ist. Solche Funktionen hat zuerst L. SCHEEFER betrachtet und C. JORDAN hat sie *Funktionen von beschränkter Schwankung* genannt.

Es gilt also der Satz: *Soll eine stetige Kurve K*

$$x = x(t), \quad y = y(t), \quad a \leqq t \leqq b$$

streckbar sein, so müssen die stetigen Funktionen $x(t)$, $y(t)$ von beschränkter Schwankung sein.

Beachtet man nun die Ungleichheit

$$\sqrt{\{x(t_k) - x(t_{k-1})\}^2 + \{y(t_k) - y(t_{k-1})\}^2} \leqq |x(t_k) - x(t_{k-1})| + |y(t_k) - y(t_{k-1})|,$$

so sieht man: *Diese Bedingung ist auch hinreichend.*

Wir wollen nun folgenden bekannten Lehrsatz beweisen. *Jede stetige Funktion $f(t)$ von beschränkter Schwankung kann als Differenz zweier stetiger und nicht abnehmender Funktionen*

$$f(t) = \varphi(t) - \psi(t)$$

dargestellt werden.

Es sei $\alpha \leqq t \leqq \beta$ ein beliebiges Teilintervall von $a \leqq t \leqq b$. Wir teilen es in beliebig viele Teile

$$\alpha_0 = t_0 < t_1 < t_2 \ldots < t_n = \beta$$

und bilden die Summe

$$\sum_{k=1}^{n} |f(t_k) - f(t_{k-1})|.$$

Die nach unseren Annahmen über f endliche obere Grenze aller dieser Summen für alle Einteilungen sei mit

$$S_\alpha^\beta f$$

bezeichnet. Es ist das nichts anderes als die Bogenlänge der stetigen Kurve

$$x = f(t), \quad y = 0,$$

die ganz auf die x-Achse fällt, zwischen den Punkten $t = \alpha$ und $t = \beta$.

Nun ist

$$S_a^t = \varphi(t)$$

eine monoton wachsende, stetige Funktion. Die Monotonie ergibt sich nämlich unmittelbar aus der für die Bogenlänge bewiesenen additiven Eigenschaft

$$S_a^t + S_t^{t+h} = S_a^{t+h}.$$

Aus dem zu Beginn von § 8 bewiesenen Satze ergibt sich ferner, daß für $h < \delta$ die Differenz

$$S_t^{t+h} - |f(t+h) - f(t)| < \varepsilon$$

ist. Denn der erste Posten links bedeutet eine Bogenlänge und der zweite die Länge des einseitigen eingeschriebenen Streckenzuges. Wir haben also

$$\varphi(t+h) - \varphi(t) = S_t^{t+h} < \varepsilon + |f(t+h) - f(t)|,$$

und wegen der Stetigkeit von f kann die rechte Seite beliebig herabgedrückt werden durch genügend kleine Wahl von h. $\varphi(t)$ ist demnach tatsächlich stetig.

Die stetige Funktion

$$\psi(t) = \varphi(t) - f(t)$$

ist aber, wie man leicht sieht, ebenfalls nicht abnehmend. Denn nach der Definition von φ ist für $\alpha < \beta$

$$\varphi(\beta) - \varphi(\alpha) = S_\alpha^\beta \geqq |f(\beta) - f(\alpha)|.$$

Damit ist also die gewünschte Darstellung

$$f(t) = \varphi(t) - \psi(t)$$

gefunden.

Die Umkehrung des bewiesenen Satzes ist trivial: Eine lineare Kombination von monotonen Funktionen ist eine Funktion beschränkter Schwankung.

§ 10. Flächeninhalt einer geschlossenen Kurve

Es sei K eine geschlossene stetige und streckbare Kurve

$$x = x(t), \quad y = y(t); \quad a \leqq t \leqq b, \quad x(a) = x(b), \quad y(a) = y(b).$$

Schreiben wir der Kurve ein Vieleck ein, dessen Ecken $A = T_0, T_1, T_2 \ldots, T_n = B = A$ den Parameterwerten

$$a = t_0 < t_1 < t_2 < \ldots < t_n = b$$

entsprechen mögen. Die Parameterunterschiede sollen die Ungleichheiten befriedigen

$$t_k - t_{k-1} < \delta; \quad k = 1, 2, \ldots n.$$

Wir beweisen: *Der Flächeninhalt Φ jedes K eingeschriebenen Vielecks unterscheidet sich für genügend kleines δ um beliebig wenig von einer Zahl F, die wir den Flächeninhalt von K nennen wollen.*

Es ist nach § 3

$$2\,\Phi = \sum_1^n x(t_{k-1})\,y(t_k) - y(t_{k-1})\,x(t_k)$$

$$= \sum_1^n x(t_{k-1})\{y(t_k) - y(t_{k-1})\} - \sum_1^n y(t_{k-1})\{x(t_k) - x(t_{k-1})\}.$$

Wir behandeln jeden der beiden Posten rechter Hand für sich. Nach § 9 können wir die Funktion $y(t)$, die von beschränkter Schwankung ist, da K streckbar sein soll, in zwei monotone Bestandteile zerlegen

$$y(t) = \varphi(t) - \psi(t)$$

und erhalten

$$\sum_1^n x(t_{k-1})\{y(t_k) - y(t_{k-1})\} = \sum_1^n x(t_{k-1})\{\varphi(t_k) - \varphi(t_{k-1})\}$$

$$- \sum_1^n x(t_{k-1})\{\psi(t_k) - \psi(t_{k-1})\}.$$

Von den beiden Summen rechter Hand zeigt man aber genau wie beim gewöhnlichen Existenzbeweis für das bestimmte Integral Riemanns — wir kommen darauf in § 13 zurück —, daß sie sich bei verfeinerter Einteilung, d. h. bei abnehmendem δ bestimmten Grenzwerten nähern. Genau das Entsprechende gilt für den zweiten Posten in dem obigen Ausdruck für $2\,\Phi$ und damit ist unsere Behauptung bewiesen.

Aus dem eben Gefundenen und aus den Ergebnissen des § 8 können wir schließen: *Ist ε eine beliebig kleine, aber positiv vorgeschriebene Zahl, so können wir die Seitenlänge ϱ eines K annähernden gleichseitigen Vielecks V^* so wählen, daß für die Flächeninhalte F und Φ^* von K und V^* die Ungleichheit gilt*

$$|F - \Phi^*| < \varepsilon.$$

Man kann es dabei z. B. so einrichten, daß die Eckenzahl von V^* gerade ausfällt.

Bei unserer Definition des Flächeninhalts einer stetigen geschlossenen und streckbaren Kurve ist wieder der *Umlaufsinn* der Kurve, nämlich der Durchlaufungssinn, der wachsenden Werten des Parameters t entspricht, wesentlich. Einer Änderung des Umlaufsinnes entspricht der Vorzeichenwechsel des Flächeninhalts. Ähnlich wie beim Flächeninhalt von Vielecken (§ 3) können wir auch hier *die additive Eigenschaft des Flächeninhalts* bei krummliniger Begrenzung feststellen: Haben zwei stetige geschlossene und streckbare Kurven K_1 und K_2 mit den Flächeninhalten F_1 und F_2 einen

Kurvenbogen gegensinnig gemeinsam, so ist der Flächeninhalt F der Kurve K, die man durch Vereinigung von K_1 und K_2 und Löschung des gemeinsamen Bogens erhält, gleich

$$F = F_1 + F_2 .$$

Das ist eine unmittelbare Folge der entsprechenden Vieleckseigenschaft (Vgl. § 3, Fig. 4, S. 7).

§ 11. Lösung der isoperimetrischen Aufgabe in der Ebene

Zwischen Umfang Λ und Flächeninhalt Φ eines regelmäßigen und positiv umfahrenen n-Ecks besteht, wie man leicht nachrechnet und wie in § 6 schon einmal benutzt wurde, die Beziehung

$$\Lambda^2 - 4\,n\,\mathrm{tg}\,\frac{\pi}{n} \,.\, \Phi = 0 .$$

Wie sich aus § 5 ergibt und wie wir noch einmal in § 6 gezeigt haben, gilt, wenigstens für gerades n, für jedes andere n-Eck

$$\Lambda^2 - 4\,n\,\mathrm{tg}\,\frac{\pi}{n} \,.\, \Phi > 0 .$$

In jedem Fall haben wir also

$$\Lambda^2 - 4\,n\,\mathrm{tg}\,\frac{\pi}{n} \,.\, \Phi \geqq 0 .$$

Nun können wir aus dieser Ungleichheit eine neue, schwächere herleiten, die aber den Vorteil hat, daß die Eckenzahl n in ihr nicht mehr vorkommt. Setzen wir in dem Faktor

$$4\,n\,\mathrm{tg}\,\frac{\pi}{n}$$

für den Augenblick

$$\frac{\pi}{n} = p ,$$

so haben wir

$$4\,n\,\mathrm{tg}\,\frac{\pi}{n} = 4\,\pi\,\frac{\mathrm{tg}\,p}{p} .$$

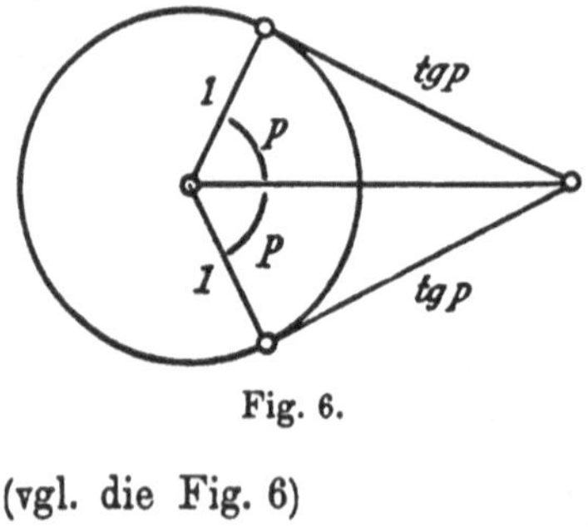

Fig. 6.

Da nun für $0 < p < \frac{\pi}{2}$ bekanntlich (vgl. die Fig. 6)

$$\mathrm{tg}\,p > p$$

ist, so ergibt sich

$$4\,n\,\mathrm{tg}\,\frac{\pi}{n} > 4\,\pi$$

und unsere Ungleichheit geht in die neue über

(*) $$\Lambda^2 - 4\,\pi\,\Phi > 0 .$$

Es sei nun K eine geschlossene streckbare stetige Kurve, L ihr Umfang und F ihr Flächeninhalt. Ich behaupte: Aus der eben hingeschriebenen Ungleichheit folgt, daß auch

$$L^2 - 4\pi F \geqq 0$$

sein muß.

Wir können auf die am Schlusse von § 8 beschriebene Art ein K annäherndes gleichseitiges Vieleck V^* mit gerader Eckenzahl zeichnen und könnten nach dem dort bewiesenen Satze und nach dem Ergebnis von § 10 die Seitenlänge ϱ von V^* so klein wählen, daß sich Umfang Λ^* und Fläche Φ^* von V^* gleichzeitig um beliebig wenig von L und F unterscheiden. Wäre nun

$$L^2 - 4\pi F < 0,$$

so könnten wir V^* daher so bestimmen, das auch noch

$$\Lambda^{*2} - 4\pi \Phi^* < 0$$

ausfiele, im Widerspruch zu unserem Ergebnis (*) über gleichseitige Vielecke.

Es handelt sich nur noch darum festzustellen, wann in der Beziehung

$$L^2 - 4\pi F \geqq 0$$

das Gleichheitszeichen gilt. Ist K ein positiv umlaufener Kreis, so ist

$$L = 2\pi r \quad \text{und} \quad F = \pi r^2,$$

wenn r den Halbmesser bedeutet, also in der Tat

$$L^2 - 4\pi F = 0.$$

Ist hingegen K eine andere stetige geschlossene und streckbare Kurve, so kann man zu ihr durch das in § 1 beschriebene Viergelenkverfahren eine neue solche Kurve K' finden, für deren Umfang L' und Flächeninhalt F' die Beziehungen gelten.

$$L = L', \quad F < F',$$

so daß

$$L^2 - 4\pi F > L'^2 - 4\pi F'$$

ausfällt. Nun haben wir gezeigt, daß

$$L'^2 - 4\pi F' \geqq 0$$

sein muß, und daraus folgt

$$L^2 - 4\pi F > 0.$$

Wir haben also im ganzen schließlich folgendes Ergebnis erzielt:

Es sei K eine stetige, geschlossene und streckbare ebene Kurve, L ihr Umfang und F ihr Flächeninhalt. Dann ist stets

$$L^2 - 4\pi F \geqq 0$$

und das Gleichheitszeichen gilt dann und nur dann, wenn K ein positiv umfahrener Kreis ist.

Das ist die scharfe Fassung des Satzes von der isoperimetrischen Eigenschaft des Kreises. Es folgt nämlich daraus sofort:

Unter allen zulässigen Kurven K gleichen Umfangs hat der positiv umfahrene Kreis den größten Flächeninhalt.

Oder auch:

Unter allen zulässigen Kurven vorgeschriebenen Flächeninhalts hat der Kreis den kleinsten Umfang.

Wir haben den Satz in größter Allgemeinheit bewiesen, da wir für die Vergleichskurven K nur so viel vorausgesetzt haben als nötig ist, damit die Begriffe „Bogenlänge" und „Flächeninhalt" einen Sinn haben. Der Gedanke des Beweises ist im wesentlichen der alte von STEINER herrührende. Nur haben wir ihn so gewendet, daß dabei die Existenzfrage mit erledigt wurde und haben uns nicht davor gescheut, in die Geheimnisse der Begriffe „Bogenlänge" und „Flächeninhalt" einzudringen. Freilich mußte dabei die ursprüngliche Methode so in das Prokrustesbett der Analysis hineingezwängt werden, daß die frühere Einfachheit stark gelitten hat. Was hätte der alte STEINER, der kein Freund übertriebener Höflichkeit war, zu einer solchen Behandlung gesagt? Günstigstenfalls hätte er Faust zitiert:

Da wird der Geist Euch wohl dressiert,
In spanische Stiefeln eingeschnürt,
Daß er bedächtiger so fortan
Hinschleiche die Gedankenbahn ...
Wer will was Lebendigs erkennen und beschreiben,
Sucht erst den Geist herauszutreiben,
Dann hat er die Teile in seiner Hand,
Fehlt leider! nur das geistige Band.

§ 12. **Anwendungen**

Sind vier Strecken s_1, s_2, s_3, s_4 gegeben, von denen jede kleiner ist als die Summe der drei anderen, so gibt es Vierecke, die der Reihe nach diese Seitenlängen haben. Man kann auch ein einem Kreise einbeschriebenes Viereck finden, wie man auch kurz sagt ein „Sehnenviereck", dessen Seitenlängen der Reihe nach die vorgeschriebenen Werte haben und dessen Ecken auf einem Kreise liegen und bei einmaligem positiven Umlauf des Kreises in der richtigen Reihenfolge durchlaufen werden. Aus der Ähnlichkeit der Dreiecke (vgl. die Fig. 7) ABE und CDE folgt nämlich, wenn wir

$$\overline{CE} = x \quad \text{und} \quad \overline{DE} = y$$

setzen:

$$x : (s_4 + y) = s_3 : s_1 ,$$

$$y : (s_2 + x) = s_3 : s_1 .$$

Daraus ist

$$x = s_3 \frac{s_1 s_4 + s_2 s_3}{s_1^2 - s_3^2},$$

$$y = s_3 \frac{s_1 s_2 + s_3 s_4}{s_1^2 - s_3^2}.$$

Man kennt also, sobald die Viereckseiten s gegeben sind, in dem Dreieck CDE alle Seiten und kann daher dieses Dreieck und mit ihm das Sehnenviereck konstruieren.

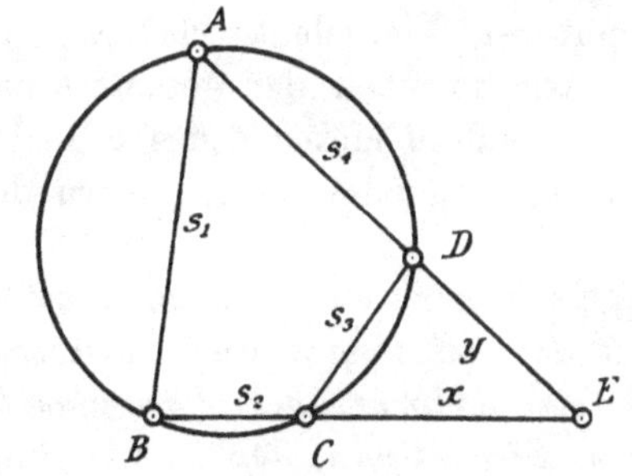

Fig. 7.

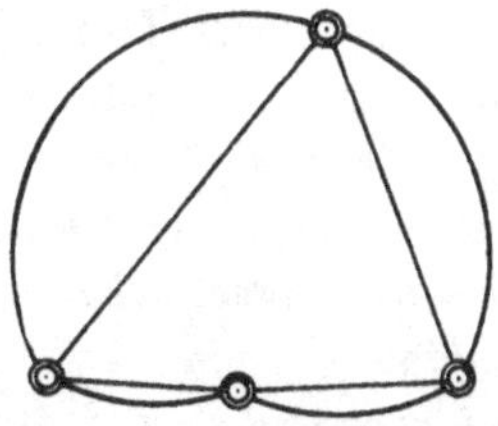

Fig. 8.

Nun wollen wir beweisen: *Unter allen Vierecken mit den vorgegebenen Seitenlängen hat das konstruierte Sehnenviereck den größten Flächeninhalt.*

Das ergibt sich nach STEINER unmittelbar durch eine Art Umkehrung des Viergelenkverfahrens aus der bewiesenen Maximumeigenschaft des Kreises. Sei nämlich $A'B'C'D'$ ein anderes Viereck mit denselben Seitenlängen, so können wir die vier Segmente, die die vier Seiten s_1, s_2, s_3, s_4 mit dem $ABCD$ umschriebenen Kreise K begrenzen, kongruent und gleichsinnig übertragen und anheften an die entsprechenden Seiten von $A'B'C'D'$, wo sie sich zu einer viermal geknickten Kurve K' aneinander fügen (vgl. die Fig. 8). Nach dem isoperimetrischen Satze ist der Flächeninhalt von K' kleiner als der von K. Da die Segmente ungeändert geblieben sind, muß also auch die neue Vierecksfläche kleiner sein als die alte, w. z. b. w.

Man kann dies natürlich auch direkt einsehen, ohne den Umweg über die weit verwickeltere Kreiseigenschaft, nämlich z. B. auf folgende Art. Für den Flächeninhalt F gilt die folgende Formel:

$$F^2 = (s - s_1)(s - s_2)(s - s_3)(s - s_4) - s_1 s_2 s_3 s_4 \cos^2 \vartheta,$$

in der für

$$s_1 + s_2 + s_3 + s_4 = 2s$$

gesetzt ist und ϑ das arithmetische Mittel zweier gegenüberliegender

Außenwinkel bedeutet.[1] Aus dieser Formel sieht man, daß F^2 für

$$\vartheta = \frac{\pi}{2},$$

d. h. für den Fall des Sehnenvierecks ein Maximum wird.

Nimmt man diese Maximumeigenschaft des Sehnenvierecks als bewiesen an, so kann man das in § 1 erklärte Viergelenkverfahren ein wenig verallgemeinern, indem man an Stelle der dort verwendeten symmetrischen Vierecke beliebige Gelenkvierecke setzt. Man hat bei der Anwendung dieses allgemeineren Viergelenkverfahrens den Vorteil, daß man sich das Symmetrischmachen der geschlossenen Kurven erspart. Dagegen hat die besondere Methode des § 1 das voraus, daß die langweilige Rechnung vermieden wird, die zu der obigen Formel für F^2 führt.

Mit dem allgemeineren Viergelenkverfahren kann man sofort beweisen: *Unter allen n-Ecken mit der Reihe nach vorgeschriebenen Seitenlängen kann bloß das n-Eck ein Maximum des Flächeninhalts haben, dessen Ecken derart auf einem Kreise liegen, daß sie bei einem positiven Umlauf des Kreises einmal in der richtigen Aufeinanderfolge durchlaufen werden.*

Daß aber bei dieser Aufgabe tatsächlich ein Maximum existiert, beweist man durch genau dieselben Überlegungen wie in § 5. So ergibt sich auch die Existenz eines Sehnen-n-Ecks mit vorgegebenen Seitenlängen.

Aus der isoperimetrischen Eigenschaft des Kreises folgt ohne weiteres die Lösung des folgenden, ein wenig allgemeineren Problems: Zwei verschiedene Punkte A und B sind durch eine gegebene streckbare Kurve K_1 verbunden. Man soll eine streckbare Kurve K_2, die B mit A verbindet und gegebene Länge hat, so bestimmen, daß die geschlossene Kurve $K_1 + K_2 = K$ möglichst großen Flächeninhalt hat.

Man findet für K_2 einen Kreisbogen.

§ 13. Über den Integralbegriff

Wir haben in den §§ 7—10 die Begriffe Bogenlänge und Flächeninhalt ganz unabhängig voneinander behandelt und einige Eigenschaften dieser sogenannten „Integralinvarianten“ hergeleitet. Man kann aber, wie jetzt in Kürze auseinandergesetzt werden soll, diese

[1] Wegen der Herleitung dieser Formel vgl. man etwa: G. Hessenberg, Ebene und sphärische Trigonometrie. Sammlung Göschen, Berlin u. Leipzig 1914, S. 96.

Begriffe auch unter einen Hut bringen durch eine geeignete Erweiterung des Integralbegriffes von RIEMANN.

Nehmen wir zwei Funktionen f und g! Die Funktion $f(t)$ hänge von einer Veränderlichen ab und sei im Intervall $a \leqq t \leqq b$ erklärt, $g(s, t)$ enthalte zwei Veränderliche und sei im Dreieck $a \leqq s \leqq b$, $s \leqq t \leqq b$ erklärt. Über diese Funktionen machen wir folgende Annahmen:

I. $f(t)$ ist stetig.

II. $g(s, t)$ ist nicht negativ:

$$g(s, t) \geqq 0.$$

III. Aus $t_1 < t_2 < t_3$ soll folgen:

$$g(t_1, t_2) + g(t_2, t_3) \geqq g(t_1, t_3).$$

IV. Für jede Einteilung

$$a = t_0 < t_1 < t_2 \ldots < t_n = b$$

des Intervalls $a \leqq t \leqq b$ in beliebig viele Teile soll stets

$$g(t_0, t_1) + g(t_1, t_2) + \cdots + g(t_{n-1}, t_n) \leqq G$$

unter einer endlichen Schranke G verbleiben.

V. $g(s, t)$ ist stetig und verschwindet für $s = t$.

Unter diesen Voraussetzungen gilt der folgende Existenzsatz: *Bildet man zu einer Intervallteilung* $\mathfrak{Z}$

$$a = t_0 < t_1 < t_2 \ldots < t_n = b$$

die Summe

$$S_{\mathfrak{Z}} = \sum_1^n f(\tau_k)\, g(t_{k-1}, t_k),$$

worin

$$t_{k-1} \leqq \tau_k \leqq t_k$$

ist, so unterscheidet sich diese Summe um beliebig wenig von einem Grenzwert J, sobald nur das größte Teilintervall von $\mathfrak{Z}$ *genügend klein ist:*

$$| S_{\mathfrak{Z}} - J | < \varepsilon, \quad \text{wenn} \quad | t_k - t_{k-1} | < \delta.$$

Der Beweis ist im wesentlichen derselbe wie beim gewöhnlichen Integral. Deuten wir ihn kurz an!

Wir wählen zunächst die Zwischenpunkte τ_k auf besondere Art, nämlich so, daß an dieser Stelle $f(t)$ seinen ***kleinsten*** Wert $\varphi(t_{k-1}, t_k)$ im Teilintervall $t_{k-1} \leqq t \leqq t_k$ annimmt. Die entstehende Summe sei mit $\sum_{\mathfrak{Z}}$ bezeichnet:

$$\sum\nolimits_{\mathfrak{Z}} = \sum_1^n \varphi(t_{k-1}, t_k)\, g(t_{k-1}, t_k).$$

Fügt man zu den schon vorhandenen Teilungspunkten t_k noch neue hinzu, so nimmt, wie aus III. geschlossen werden kann, $\sum_{\mathfrak{Z}}$ nicht ab.

Die obere Grenze aller $\sum_{\mathfrak{Z}}$ für alle Teilungen $\mathfrak{Z}$ ist wegen I. und IV. endlich; sie sei mit J bezeichnet. Wir wollen zeigen, daß dieses J die verlangten Eigenschaften hat.

Zunächst kann man nach der Definition der oberen Grenze eine Teilung $\mathfrak{Z}'$

$$a = t_0' < t_1' < t_2' < \dots < t_{n'}' = b$$

auffinden, so daß

$$J - \sum_{\mathfrak{Z}'} < \frac{\varepsilon}{2}$$

wird, wenn $\varepsilon > 0$ beliebig klein vorgeschrieben ist. Sei dann $\mathfrak{Z}$ eine zweite Teilung

$$a = t_0 < t_1 < t_2 \dots < t_n = b$$

so eingerichtet, daß alle Teilintervalle von $\mathfrak{Z}$ kleiner sind als δ, wo $\delta > 0$ zunächst kleiner als alle Teilintervalle von $\mathfrak{Z}'$ bestimmt werden möge, dann liegt höchstens *ein* Teilungspunkt t_k' von $\mathfrak{Z}'$ zwischen zwei aufeinander folgenden t_{p-1}, t_p von $\mathfrak{Z}$

$$t_{p-1} \leqq t_k' \leqq t_p.$$

Bilden wir nun die Zerlegung $\mathfrak{Z} + \mathfrak{Z}'$, die die Teilungspunkte von $\mathfrak{Z}$ und die von $\mathfrak{Z}'$ enthält, so ist

$$\sum_{\mathfrak{Z}+\mathfrak{Z}'} \geqq \sum_{\mathfrak{Z}'},$$

also auch

(1) $$J - \sum_{\mathfrak{Z}+\mathfrak{Z}'} < \frac{\varepsilon}{2}\,.$$

Jetzt gelingt eine Abschätzung der Differenz

$$\sum_{\mathfrak{Z}+\mathfrak{Z}'} - \sum_{\mathfrak{Z}}.$$

Es ist nämlich

$$\sum_{\mathfrak{Z}+\mathfrak{Z}'} - \sum_{\mathfrak{Z}}$$
$$= \sum \{\varphi(t_{p-1}, t_k') g(t_{p-1}, t_k') + \varphi(t_k', t_p) g(t_k', t_p) - \varphi(t_{p-1}, t_p) g(t_{p-1}, t_p)\}.$$

Wir können aber wegen V. δ so klein wählen, daß alle

$$g(t_{p-1}, t_k'), \quad g(t_k', t_p), \quad g(t_{p-1}, t_p) < \varrho$$

ausfallen. Dann haben wir

$$\sum_{\mathfrak{Z}+\mathfrak{Z}'} - \sum_{\mathfrak{Z}} < 3\,\varrho\, n'.\ \text{Maximum}\ |f(t)|.$$

Wir können also die Differenz, da wir ϱ durch geeignete Wahl von δ beliebig herabdrücken können, beliebig klein machen:

(2) $$\sum_{\mathfrak{Z}+\mathfrak{Z}'} - \sum_{\mathfrak{Z}} < \frac{\varepsilon}{2}\,.$$

Aus I. und IV. folgt, daß wir auch

$$S_3 - \sum_3 < \varepsilon \tag{3}$$

machen können durch genügend kleines δ, und aus (1), (2) und (3) folgt das gewünschte Ergebnis

$$| J - S_3 | < \varepsilon .$$

Für den damit erklärten Grenzwert J gilt genau ebenso wie für den besonderen Fall der Bogenlänge die leicht zu bestätigende additive Eigenschaft

$$J_a^b + J_b^c = J_a^c .$$

Der früher erklärte Begriff der Bogenlänge ist tatsächlich ein Sonderfall des eben angeführten „Integralbegriffs" J. Nimmt man nämlich für die Funktionen f und g

$$f(t) = 1 \quad \text{und} \quad g(s,\, t) = \sqrt{(x(t) - x(s))^2 + (y(t) - y(s))^2},$$

wo $x(t)$, $y(t)$ stetige Funktionen von beschränkter Schwankung sind, so sind alle unsere Voraussetzungen I.—V. befriedigt und die jetzt allgemein bewiesenen Sätze geben durch Spezialisierung die früheren über die Bogenlänge. Wir wären systematischer vorgegangen, wenn wir mit dem jetzt gewonnenen Integralbegriff begonnen hätten. Doch hat die gewählte Anordnung vielleicht den Vorteil leichterer Verständlichkeit, während es abschreckend wirken müßte, die Forderungen I.—V. an die Spitze zu stellen, als wären sie vom Himmel gefallen.

Wie ordnet sich der Begriff Flächeninhalt unserem Integralbegriff unter? Lassen wir $f(t)$ als beliebige stetige Funktion und setzen wir an Stelle von $g(s, t)$:

$$g(s,\, t) = \varphi(t) - \varphi(s),$$

wo φ eine stetige und monotone, nicht abnehmende Funktion bedeutet. Dann sind wieder unsere Bedingungen I.—V. erfüllt. Man schreibt in diesem Falle für

$$J_a^b = \operatorname{Lim} \sum_1^n f(\tau_k)\, g(t_{k-1},\, t_k) = \operatorname{Lim} \sum_1^n f(\tau_k) \{\varphi(t_k) - \varphi(t_{k-1})\},$$

nach Stieltjes kürzer

$$J_a^b = \int_a^b f(t)\, d\, g(t).$$

Auf solche Stieltjes-Integrale haben wir in § 10 den Begriff Flächeninhalt zurückgeführt.

§ 14. Geschichtliches, Literatur

Eine Geschichte der „Isoperimetrie" hätte im grauen Altertum bei der Königin Dido von Karthago zu beginnen und müßte hinaufführen bis zum Herrn Geheimrat Hermann Amandus Schwarz in Berlin. Soweit wollen wir unsere Ziele nicht stecken: Zum Abschluß dieses ersten Teiles seien nur einige wenige Literaturangaben zusammengetragen, die nicht den geringsten Anspruch auf Vollständigkeit erheben.

Im Altertum hat sich, wie schon erwähnt, der Grieche Zenodor mit der Maximumeigenschaft des Kreises befaßt. Auch Archimedes soll sich damit beschäftigt haben, doch ist von seinen Untersuchungen nichts erhalten. Man findet weitere Angaben über diese älteste Literatur in einer Note von W. Schmidt, Zur Geschichte der Isoperimetrie im Altertum. Bibliotheca mathematica (3) **2** (1901).

Zur Zeit der Erfindung der Variationsrechnung haben sich die dabei führenden Geister mit unserem „speziellen" isoperimetrischen Problem und mit naheliegenden analytischen Verallgemeinerungen befaßt. So zuerst Jakob Bernoulli in den Acta eruditorum im Mai 1697 und sein Bruder Johann. Dabei ist es zwischen den beiden Brüdern zu einem erbitterten und höchst unerquicklichen Prioritätsstreit gekommen. Dann der berühmteste der Basler Mathematiker Leonhard Euler in seiner Beispielsammlung zur Variationsrechnung: Methodus inveniendi lineas curvas maximi minimive proprietate gaudentes, sive solutio problematis isoperimetrici latissimo sensu accepti. Lausanne und Genf 1744. Zum Teil übersetzt von P. Stäckel in Ostwalds Klassikern, Leipzig 1894. Schließlich auch J. L. Lagrange 1762 (Misc. Soc. Taur. **2**).

Allen diesen analytischen Entwicklungen gemeinsam ist das Fehlen der Existenzbeweise, die, wie schon hervorgehoben wurde, K. Weierstrass zuerst durchgeführt hat. Man vergleiche die Darstellung bei H. A. Schwarz, Gesammelte mathematische Abhandlungen II, Berlin 1890, S. 232ff. Neue Beweise unter Verwendung trigonometrischer Reihen rühren von A. Hurwitz her (vgl. S. 20).

Wichtiger als die analytischen Beweismethoden sind für unseren Standpunkt die besonderen geometrischen. Da haben sich G. Cramer (Berliner Akademie 1752), S. Lhuilier (De relatione mutua capacitatis et terminorum figurarum ..., Warschau 1782) und besonders eingehend Steiner mit diesen Fragen beschäftigt. Von Steiners Beweismethoden haben wir bisher das „Viergelenkverfahren" benutzt. Eine zweite Methode, die „Symmetrisierung", wird uns im zweiten Teil dieses Büchleins zur isoperimetrischen Eigenschaft der Kugel führen.

Steiner hat seine Methode in drei, zum Teil umfangreichen, Abhandlungen veröffentlicht, die im zweiten Band seiner Gesammelten Werke (Berlin 1882) enthalten sind, und die nach dem Urteil von Weierstrass zu den bedeutendsten Leistungen dieses fruchtbaren Geometers gehören. Die erste Abhandlung führt den Titel: „Einfache Beweise der isoperimetrischen Hauptsätze" und stammt aus dem Jahre 1836, die beiden anderen „Über Maximum und Minimum bei den Figuren in der Ebene, auf der Kugelfläche und im Raume überhaupt" wurden 1841 von Steiner der Pariser Akademie vorgelegt. Das Viergelenkverfahren findet man in der ersten dieser beiden gleichbetitelten Abhandlungen unter der Bezeichnung „erste Beweisart", bes. S. 193, 194. Im Sinne Steiners ist das Buch von R. Sturm geschrieben, Maxima und Minima, Leipzig u. Berlin 1910.

Vervollständigungen dieser Steinerschen Beweise sind mehrfach durchgeführt worden. So hat insbesondere F. Edler mittels der später zu behandelnden Symmetrisierung (S. 44) die Extremumeigenschaft des regelmäßigen Vielecks völlig elementar, ohne jeden unendlichen Prozeß bewiesen (Vervollständigung der Steinerschen elementargeometrischen Beweise ...., Göttinger Nachrichten 1882, S. 73—80). Neuerdings haben C. Carathéodory und E. Study zwei verschiedene Beweisansätze Steiners durch unendliche Prozesse vervollständigt [Mathematische Annalen **68** (1909), S. 133—140: Zwei Beweise des Satzes, daß der Kreis unter allen Figuren gleichen Umfangs den größten Inhalt hat].

Carathéodory wendet auf eine geschlossene Kurve unendlich oft das Viergelenkverfahren an und zeigt, daß dieser Prozeß bei geeigneter Durchführung in der Grenze zum Kreise führt. Dabei ist im Gegensatz zu unserer Untersuchung die Beschränkung auf sogen. „konvexe" Kurven festgehalten Die Methode Studys ist von H. A. Schwarz auf die sphärische Geometrie ausgedehnt worden. Herr Study hat auch einen Beweis gegeben, der mit dem hier erbrachten im wesentlichen übereinstimmt, und nur die Anwendung des Satzes von Weierstrass über die Existenz der Extreme stetiger Funktionen durch ein konvergentes Verfahren ersetzt.

Die Maximumeigenschaft des regelmäßigen Vielecks wurde von Weierstrass durch ein elegantes analytisches Verfahren in seinen Vorlesungen hergeleitet. Man findet es wiedergegeben bei E. Study: Geradlinige Polygone extremen Inhalts, Archiv für Mathematik (3) **11** (1907). Man vergleiche dazu auch meine Note unter demselben Titel, ebendort (3) **22** (1914). Über Vielecke findet man auch in der Enzyklopädie der Elementarmathematik von H. Weber und J. Wellstein einen Artikel von Weber in der ersten Auflage (Leipzig und Berlin 1905) des zweiten Bandes. Man sehe auch die neue (italienische) Ausgabe von F. Enriques, Questioni riguardanti la geometria elementare, Bologna 1914. Hierin ein Artikel von O. Chisini, Sulla teoria elementare degli isoperimetri, und ein Artikel von Enriques, Massimi e Minimi nell' Analisi moderna.

F. Bernstein hat die isoperimetrische Eigenschaft der Kreislinie auf der Kugel durch die Betrachtung von Parallelkurven bewiesen und hat das Problem der ebenen Geometrie durch Grenzübergang von der Kugel zur Ebene gelöst [Mathematische Annalen **60** (1905), S. 117].

Um das Viergelenkverfahren auf die sphärische Geometrie auszudehnen, kann man eine trigonometrische Formel von C. W. Baur für die sphärische Vierecksfläche benutzen, die die Verallgemeinerung der entsprechenden Formel von S. 33 ist. Baurs Formel wurde in eleganter Weise von G. Hessenberg hergeleitet in der Schwarz-Festschrift, Berlin (1914), S. 76—83.

Das Viergelenkverfahren Steiners kann auch auf andere Aufgaben mit Erfolg angewendet werden. Z. B. kann man mit seiner Hilfe die „konvexe" ebene Kurve von kleinstem Flächeninhalt ermitteln, bei der das Minimum des Abstandes paralleler Tangenten vorgeschrieben ist [vgl. des Verfassers „Konvexe Bereiche gegebener konstanter Breite und kleinsten Inhalts", Mathem. Annalen **76** (1915), S. 507—513 und „Einige Bemerkungen über Kurven und Flächen konstanter Breite", Leipziger Berichte (1915), S. 290—297].

Eine neue Verallgemeinerung der isoperimetrischen Eigenschaft des Kreises hat H. Minkowski gefunden. Obwohl wir auf diese Dinge später zurückkommen, sei doch hier schon erwähnt, daß sich Minkowskis Ungleichheit für den „gemischten Flächeninhalt", die unsere Ungleichheit $L^2 - 4\pi F \geqq 0$ als Sonderfall umfaßt, elementar beweisen läßt. Man kann z. B. Steiners Viergelenkverfahren und damit den ganzen hier vorgetragenen Beweis in gewissem Sinne dual übertragen, wie ich gezeigt habe [„Beweise zu Sätzen von Brunn und Minkowski über die Minimaleigenschaft des Kreises", Jahresbericht der D. Mathem. Vereinigung **23** (1914), S. 210—234]. Dabei bildet die Grundlage ein duales Analogon der Formel von S. 33. Bezeichnen nämlich s_1, s_2, s_3, s_4 die vier Seitenlängen eines Vierecks und $\varphi_1, \varphi_2, \varphi_3, \varphi_4$ die halben Außenwinkel, so gilt bei gewissen Vorzeichenfestsetzungen für die Vierseitfläche die Formel

$$F = \frac{(s_1 + s_2 + s_3 + s_4)^2}{\operatorname{tg}\varphi_1 + \operatorname{tg}\varphi_2 + \operatorname{tg}\varphi_3 + \operatorname{tg}\varphi_4} - \frac{(s_1 - s_2 + s_3 - s_4)^2}{\operatorname{ctg}\varphi_1 + \operatorname{ctg}\varphi_2 + \operatorname{ctg}\varphi_3 + \operatorname{ctg}\varphi_4}.$$

Einen anderen noch einfacheren Beweis hat G. Frobenius erbracht: „Über den gemischten Flächeninhalt zweier Ovale". Berliner Berichte **28** (1915), S. 387—404.

Sehr ausführliche Literaturangaben über Maxima und Minima in der Elementargeometrie bringt der Artikel III A B 9 von M. Zacharias in der Enzyklopädie der mathematischen Wissenschaften, bes. Nr. 28.

Der Begriff „Bogenlänge" ist in der hier verwendeten Form von G. Peano, L. Scheeffer und C. Jordan entwickelt worden. Man findet diese und weitere Literaturangaben in dem Enzyklopädieartikel von H. v. Mangoldt: „Anwendung der Differential- und Integralrechnung". Enzyklopädie der Math. Wissenschaften. III. D. 1, 2, S. 20—23. Eine weitere Verfeinerung des Längenbegriffs auf Grund des von Lebesgue stammenden Maßbegriffs ist von Carathéodory eingeführt worden: „Über das lineare Maß von Punktmengen, eine Verallgemeinerung des Längenbegriffs". Göttinger Nachrichten 1914. Damit hängt aufs innigste die vorhin (§ 13) erwähnte Erweiterung des Integralbegriffs zusammen. Wegen verwandter Fragen elementarer Natur wie Kreismessung und näherungsweise Ermittlung von Bogenlänge und Flächeninhalt sehe man das inhaltsreiche Buch von Th. Vahlen, Konstruktionen und Approximationen, Leipzig, Teubner 1911 und Bieberbach, Theorie geometrischer Konstruktionen, Birkhäuser, Basel und Stuttgart.

Der „Flächeninhalt" wird sonst in anderer Weise erklärt als hier in unmittelbarem Zusammenhang mit den Integralen von Riemann und Lebesgue und den entsprechenden Maßbegriffen von Jordan und Lebesgue. Die hier gegebene Definition hängt zusammen mit dem Integral von T. J. Stieltjes, Annales de Toulouse **8** (1894). Funktionen mit beschränkter Schwankung und Stieltjes-Integrale für Funktionen von mehreren Veränderlichen sind von M. Fréchet angegeben worden, Nouvelles Annales de Mathématiques, (4) **10** (1910), S. 241—256 und Transactions of the American mathematical society, **16** (1915), S. 215—234. Vgl. auch J. Radon, Theorie und Anwendung der absolut additiven Mengenfunktionen, Sitzungsberichte der Wiener Akademie, math.-nat. Klasse, **122** (1913), S. 1—144. Über die Theorie der Funktionen reeller Veränderlicher kann man sich am besten unterrichten in dem bei Birkhäuser in Basel und Stuttgart erscheinenden zusammenfassenden Werke von C. Carathéodory, Vorlesungen über reelle Funktionen.

Vielleicht darf zum Schluß noch darauf hingewiesen werden, daß die Kreislinie oder Kreisfläche noch Lösung ist von manch anderen Maximum- oder Minimumaufgaben. Es seien zwei sehr berühmte genannt, von denen nur die erste völlig erledigt ist:

Ein „einfach zusammenhängender" Bereich, d. h. das eineindeutige und stetige Abbild einer Kreisfläche soll so auf einen anderen derartigen Bereich *konform* abgebildet werden, daß das Verzerrungsverhältnis an einer vorgeschriebenen Stelle Eins ist, und daß der Bildbereich möglichst kleinen Flächeninhalt hat. Das Minimum existiert, und der Bildbereich ist die Kreisscheibe. Über diese Fassung eines auf die Dissertation von B. Riemann (Göttingen 1851) zurückgehenden Problems vgl. man L. Bieberbach im Circolo matematico di Palermo, **38** (1914), S. 98—112 und Mathem. Ann. **77** (1916), S. 153—172.

Die Form einer ringsum eingespannten ebenen Membran gegebenen Flächeninhalts soll so bestimmt werden, daß der Grundton der schwingenden Membran möglichst tief ausfällt. Diese Frage ist von Lord Rayleigh aufgeworfen worden und J. Hadamard hat darüber Untersuchungen angestellt, Équilibre des plaques élastiques encastrées, Mémoires présentés par divers savants à l'Académie des Sciences (2) **33** (1908).

Unter den zahlreichen neueren Beweisen für die isoperimetrische Haupteigenschaft des Kreises seien zunächst die aus der „Integralgeometrie" erwähnt, die im wesentlichen von L. A. Santaló stammen. Dazu vergleiche W. Blaschke, Integralgeometrie, erscheint jetzt (1955/56) in dritter Auflage im Deutschen Verlag der Wissenschaften Berlin. Weitere Schriften: T. Bonnesen, Les problèmes des isopérimètres et des isépiphanes, Gauthier-Villars, Paris 1929. E. Steinitz, Raumeinteilungen . . ., Enzyklopädie der Math. W, III AB 12, Nr. 16. In dem im Vorwort genannten Buch von Bonnesen und Fenchel, S. 111—113, und bei Fejes Tóth, S. 8 u. ff. Schließlich W. Blaschke, Einführung in die Differentialgeometrie, Springer-Verlag 1950, S. 32—35.

Zweiter Teil.

Die Minimumeigenschaft der Kugel.

§ 15. Ein Beweisansatz Steiners.

I. Problemstellung.

Wir wenden uns jetzt zur Extremumeigenschaft der Kugel unter „allen Körpern“ gegebenen Inhalts kleinste Oberfläche und daher unter den Körpern gegebener Oberfläche den größten Rauminhalt zu besitzen. Dabei werden wir hier der Kürze der Darstellung halber und obwohl das zur Anwendung kommende Verfahren weiter reicht,[1] als Vergleichskörper der Kugel nur sogenannte „*konvexe*“ Körper zugelassen. Statt „konvexer Körper“ sagt man auch kürzer „*Eikörper*“.

Unseren Zwecken entsprechend definieren wir ein solches Gebilde etwas enger, als es sonst geschehen mag, durch die folgenden Festsetzungen: *Eine räumliche Punktmenge bildet einen konvexen Körper, wenn sie 1. beschränkt, 2. abgeschlossen ist und 3. die Konvexitätseigenschaft hat, von einer sie treffenden Geraden stets in einer einzigen Strecke geschnitten zu werden,* die sich natürlich auch auf einen Punkt zusammenziehen kann.

Die dritte und wesentliche Eigenschaft kann man auch durch die gleichwertige Forderung ersetzen, daß die Punktmenge zu zwei beliebigen ihrer Punkte immer auch deren Verbindungsstrecke enthalten soll.

Die Punkte in und auf einer Kugel oder einem Ellipsoid, die Punkte in und auf einem Würfel bilden einfache Beispiele konvexer Körper. *Doch sei ausdrücklich hervorgehoben, daß wir z. B. auch eine Kreisscheibe, eine Strecke und schließlich sogar auch einen einzigen Punkt mit unter die konvexen „Körper“ rechnen werden.* Körper von der Form eines Hörnchens oder eines Ringes sind einfache Beispiele nicht konvexer Körper.

---

[1] Man vergleiche dazu § 20, I.

Bezeichnet man Rauminhalt und Oberfläche einer Kugel mit J und O, ferner mit r ihren Halbmesser, so läßt sich eine Entdeckung des ARCHIMEDES so in Formeln fassen

$$J = \frac{4\pi}{3} r^3, \quad O = 4\pi r^2$$

und daraus folgt

$$O^3 - 36\pi J^2 = 0.$$

Zwischen Rauminhalt und Oberfläche — Begriffe, mit denen wir uns auseinanderzusetzen haben werden — bei jedem anderen, d. h. bei jedem nicht kugelförmigen konvexen Körper besteht die Beziehung

$$O^3 - 36\pi J^2 > 0.$$

Mit dem Beweise dieser Ungleichheit für konvexe Körper, die der analytische Ausdruck für die angeführten Extremumeigenschaften der Kugel ist, werden wir uns im zweiten Teile dieses Büchleins befassen.

II. Steiners Symmetrisierung.

STEINER hat ein Verfahren ersonnen, es soll hier kurz die „Symmetrisierung“ heißen, das ermöglicht, zu jedem nicht kugeligen konvexen Körper einen neuen zu konstruieren, der *gleichen* Inhalt, aber *kleinere* Oberfläche besitzt. Gibt es daher unter allen konvexen Körpern gegebenen Rauminhalts überhaupt einen mit kleinster Oberfläche, so kann er nur eine Kugel sein: *Durch die Symmetrisierung,* die jetzt an die Stelle des beim ebenen Problem verwendeten Viergelenkverfahrens tritt, *wird unsere Aufgabe auf den bloßen Existenzbeweis zurückgeführt.*

Bevor wir die Symmetrisierung auseinandersetzen, schalten wir noch die ziemlich triviale Bemerkung ein: *Ein konvexer Körper, der zu jeder beliebigen Ebene stets eine parallele Symmetrieebene besitzt, ist notwendig eine Kugel*

Zunächst hat nämlich ein solcher Körper drei paarweise aufeinander senkrecht stehende Symmetrieebenen und da die Spiegelungen an diesen drei Ebenen hintereinander ausgeführt die Spiegelung an dem Schnittpunkt M der drei Ebenen ergeben, so ist M Mittelpunkt des Körpers. Unser erstes Ergebnis ist also: Unser konvexer Körper hat einen Mittelpunkt M.

Nun kann eine beschränkte Punktmenge nicht zwei verschiedene Mittelpunkte M_1 und M_2 haben. Denn die Spiegelungen an diesen beiden Punkten ergeben zusammengesetzt die Parallelverschiebung um die Strecke $2\overline{M_1 M_2}$, bei der jeder Punkt unserer Menge wieder in einen Punkt der Menge übergehen müßte. Bei oftmaliger Wiederholung dieser Schiebung wandert aber jeder Punkt beliebig weit und das steht im Widerspruch zu der vorausgesetzten Beschränktheit. Als zweites Ergebnis folgt daher: Jede Symmetrieebene eines Körpers geht durch seinen Mittelpunkt M (sonst gäbe es einen zweiten Mittelpunkt, den Spiegelpunkt von M an der Symmetrieebene) und daher ist jede Ebene durch M Symmetrieebene.

Ist nun P irgend ein Punkt unseres konvexen Körpers, so ist jeder von M gleichweit entfernte Punkt Q ebenfalls im Körper enthalten, denn die Spiegelung an der Symmetrieebene durch M senkrecht zu $\overline{PQ}$ führt P nach Q. Enthält der Körper also den Punkt P, so enthält er die Oberfläche der Kugel um M durch P und wegen der Konvexität auch das Innere dieser Kugel. War aber P der von M am weitesten entfernte Punkt des Körpers (einen solchen muß es wegen seiner Beschränktheit und Abgeschlossenheit geben), so muß er mit der eben konstruierten Kugel zusammenfallen. Damit ist aber die Kugelgestalt des Körpers sichergestellt.

Es sei nun $\mathfrak{K}$ ein nicht kugeliger konvexer Körper und es werde eine beliebige Ebene herausgewählt, die wir uns „horizontal“ denken wollen, zu der $\mathfrak{K}$ keine parallele Symmetrieebene besitzt. Dann besteht die Symmetrisierung von $\mathfrak{K}$ bezüglich dieser horizontalen Ebene in Folgendem. Wir denken uns $\mathfrak{K}$ aus lauter dünnen vertikalen Stäbchen zusammengesetzt. Jedes dieser Stäbchen verschieben wir in vertikaler Richtung so lange, bis sein Mittelpunkt in unsere Horizontalebene zu liegen kommt. Dann erfüllen die verschobenen Stäbchen einen zu dieser Ebene symmetrischen Körper $\bar{\mathfrak{K}}$, von dem wir zeigen werden, daß er wieder konvex ist. Geometrischer ausgedrückt: *Wir bestimmen $\bar{\mathfrak{K}}$ symmetrisch zu unserer Horizontalebene derart, daß $\mathfrak{K}$ und $\bar{\mathfrak{K}}$ von jeder Vertikalen in zwei gleichlangen Strecken geschnitten werden.*[1]

Aus dem sogenannten Prinzip von B. Cavalieri ergibt sich sofort die Gleichheit der Rauminhalte von $\mathfrak{K}$ und $\bar{\mathfrak{K}}$

$$J_{\mathfrak{K}} = J_{\bar{\mathfrak{K}}}.$$

Ferner gilt, wenn $\mathfrak{K}$ von endlich vielen Ebenen begrenzt ist, wenn also $\mathfrak{K}$ und daher auch $\bar{\mathfrak{K}}$ ein Vielflach ist, wie Steiner durch elementargeometrische Überlegungen zeigt, zwischen den entsprechenden Oberflächen die Ungleichheit

$$O_{\mathfrak{K}} > O_{\bar{\mathfrak{K}}}.$$

[1] Die analoge Konstruktion in der Ebene ist in Fig. 13 S. 69 dargestellt, die Symmetrisierung eines Vierflaches in Fig. 9, S. 47.

Aus dem Bestehen dieser Ungleichheit für den Fall von Vielflachen schließt STEINER auf ihre Gültigkeit auch im allgemeinen Fall, indem er sich allgemeine konvexe Körper durch Vielflache angenähert denkt.

III. Kritik an Steiners Beweis

Natürlich ist, um aus der Symmetrisierung einen vollständigen Beweis für die Minimumeigenschaft der Kugel aufzubauen, wie wir schon hervorgehoben haben, der Existenzbeweis erforderlich, daß es unter allen konvexen Körpern gegebenen Rauminhalts sicher einen gibt, dessen Oberfläche $\leqq$ der Oberfläche aller übrigen ist. Zu der Erkenntnis der Notwendigkeit dieses Existenzbeweises führt ganz dieselbe Betrachtung, wie wir sie im ersten Teil beim analogen ebenen Problem eingehend durchgeführt haben. Aber bei der räumlichen Aufgabe liegen die Dinge noch ein wenig schlimmer als in der Ebene: Es ist nämlich bei STEINER die Symmetrisierung selbst nicht ganz in Ordnung.

Von den drei Eigenschaften dieses Verfahrens, daß nämlich *1.* aus der Konvexität von $\mathfrak{K}$ die von $\bar{\mathfrak{K}}$ folgt, daß *2.*

$$J_{\mathfrak{K}} = J_{\bar{\mathfrak{K}}}$$

und *3.*

$$O_{\mathfrak{K}} > O_{\bar{\mathfrak{K}}}$$

ist, ist der wesentliche dritte Punkt nicht erledigt. Aus der Gültigkeit dieser Ungleichheit für Vielflache folgt durch Grenzübergang nur

$$O_{\mathfrak{K}} \geqq O_{\bar{\mathfrak{K}}}$$

für beliebige konvexe Körper und es bleibt zu beweisen, daß die Gleichheit nur dann eintritt, wenn schon $\mathfrak{K}$ entgegen der Annahme eine horizontale Symmetrieebene hat. In diesem trivialen Ausnahmefalle läuft die Symmetrisierung auf eine bloße Parallelverschiebung hinaus.

Wenn wir also den Beweis STEINERS vervollständigen wollen, so ist der Weg klar vorgezeichnet: Wir haben uns zunächst, soweit es für das Folgende erforderlich ist, mit dem Begriffe „konvexer Körper" vertraut zu machen, „Rauminhalt" und „Oberfläche" zu erklären, dann die drei Eigenschaften der Symmetrisierung streng zu begründen und schließlich die Existenzfrage zu erledigen.

Man wird hier zunächst wie in der Ebene versuchen, mit dem gewöhnlichen Existenzsatz von WEIERSTRASS über stetige Funktionen auszukommen, indem man die Ungleichheit $O^3 - 36\pi J^2 > 0$ zuerst nur für Vielflache beweist. Es zeigt sich jedoch, daß dies mittels der Symmetrisierung aus dem Grunde unmöglich ist, weil sich bei der Symmetrisierung eines Vielflachs im allgemeinen die Eckenzahl und Seitenflächenzahl vergrößert, während bei geeigneter Anwendung des Viergelenkverfahrens auf ein Vieleck die Eckenzahl erhalten blieb.

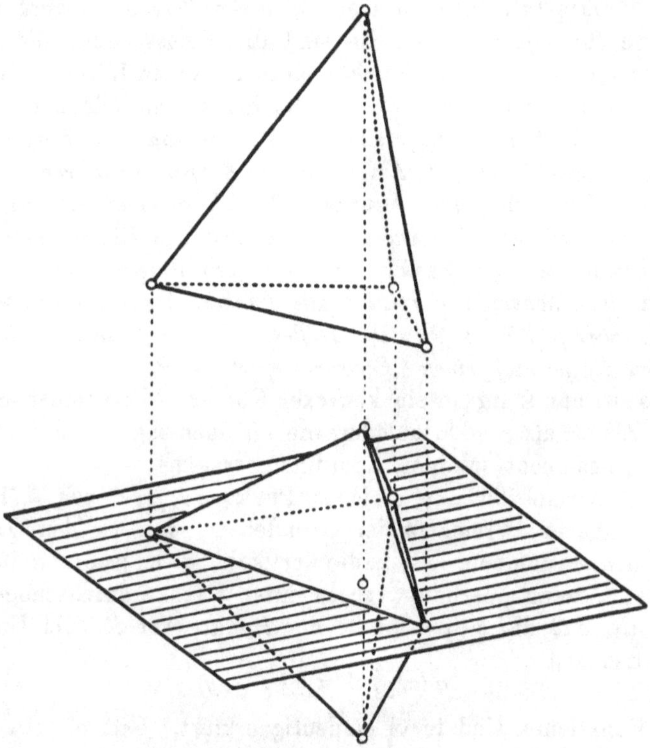

Fig. 9.

Man vergleiche die beigegebene Fig. 9, die die Symmetrisierung eines Vierflachs in ein Sechsflach veranschaulicht. Aus Allem zeigt sich, daß das räumliche Problem erheblich größere Schwierigkeiten in sich birgt, als das ebene.

§ 16. Konvexe Körper und konvexe Funktionen

I. Konvexe Funktionen zweier Veränderlicher

Aus der zuvor (S. 43) gegebenen Definition des konvexen Körpers ergibt sich sofort: *Der Durchschnitt zweier konvexer Körper, die sich treffen, ist wieder ein konvexer Körper.*

Ein Punkt eines konvexen Körpers, um den als Mittelpunkt sich eine kleine Kugel legen läßt, die ganz im Körper liegt, heißt *innerer Punkt* des Körpers. Ein konvexer Körper ohne innere

Punkte liegt ganz in einer Ebene, denn enthielte der Körper die vier Ecken eines Vierflachs, so enthielte er auch dessen Inneres und damit auch innere Punkte. Ein solcher konvexer Körper ohne innere Punkte soll auch kurz ein *konvexer Bereich* genannt werden. Beispiele für konvexe Bereiche sind die Kreisscheibe, die Strecke und der einzelne Punkt. Punkte eines konvexen Körpers, die nicht innere Punkte sind, sollen *Randpunkte* heißen; sie bilden zusammengenommen *die konvexe Begrenzungsfläche des konvexen Körpers.*

Man beweist leicht: *Ein konvexer Körper wird von einer ihn treffenden Ebene in einem konvexen Bereich geschnitten. Die orthogonalen Projektionen oder, wie wir mit* E. MÜLLER *kürzer sagen wollen, die „Normalrisse" der Punkte eines konvexen Körpers auf eine Ebene erfüllen einen konvexen Bereich. Alle Punkte, deren Entfernung*[1] *von einem konvexen Körper* $\mathfrak{K}$ *nicht größer als* ϱ *ist, bilden wieder einen konvexen Körper* $\mathfrak{K}_\varrho$, *einen „Parallelkörper" zu* $\mathfrak{K}$.

Es sei nun $\mathfrak{K}$ irgend ein konvexer Körper. Wir nehmen eine beliebige Ebene als x, y-Ebene oder, wie wir auch sagen wollen, „Grundebene" eines rechtwinkligen Koordinatensystems.

Der „Grundriß" $x, y, 0$ jedes Punktes x, y, z von $\mathfrak{K}$ liegt in einem konvexen Bereich $\mathfrak{G}$ der Grundebene, den wir den Grundriß von $\mathfrak{K}$ nennen können. Da jede Vertikale, d. h. jede Parallele zur z-Achse $\mathfrak{K}$, wenn überhaupt, so in einer Strecke durchschneidet, so sehen wir, daß die z-Koordinate der Punkte von $\mathfrak{K}$ zwei Ungleichheiten genügen

$$g(x, y) \leqq z \leqq f(x, y).$$

Diese Funktionen sind in $\mathfrak{G}$ eindeutig erklärt. Gilt für ein Wertetripel x, y, z in einer der beiden Beziehungen das Gleichheitszeichen, so entspricht ihm ein Randpunkt von $\mathfrak{K}$.

Es seien nun x_1, y_1, z_1 und x_2, y_2, z_2 zwei Punkte von $\mathfrak{K}$. Dann lassen sich die Koordinaten jedes Punktes ihrer Verbindungsstrecke in der Form schreiben:

$$x = \lambda_1 x_1 + \lambda_2 x_2, \quad y = \lambda_1 y_1 + \lambda_2 y_2, \quad z = \lambda_1 z_1 + \lambda_2 z_2,$$

wobei

$$\lambda_1 + \lambda_2 = 1 \quad \text{und} \quad \lambda_1 \geqq 0, \ \lambda_2 \geqq 0$$

ist. Da jeder solche Punkt x, y, z wegen der Konvexität von $\mathfrak{K}$ wieder in $\mathfrak{K}$ liegen muß, so müssen die Funktionen f und g den Ungleichheiten genügen

$$f(\lambda_1 x_1 + \lambda_2 x_2, \ \lambda_1 y_1 + \lambda_2 y_2) \geqq \lambda_1 f(x_1, y_1) + \lambda_2 f(x_2, y_2),$$
$$g(\lambda_1 x_1 + \lambda_2 x_2, \ \lambda_1 y_1 + \lambda_2 y_2) \leqq \lambda_1 g(x_1, y_1) + \lambda_2 g(x_2, y_2).$$

[1] Vgl. S. 60.

Es liegt daher nahe, folgende Festsetzung zu treffen: *Eine in einem konvexen Bereich* $\mathfrak{G}$ *der* x, y*-Ebene definierte Funktion* $f(x, y)$ *heißt konvex (nach oben), sobald*

$$f(\lambda_1 x_1 + \lambda_2 x_2, \ \lambda_1 y_1 + \lambda_2 y_2) \geqq \lambda_1 f(x_1 y_1) + \lambda_2 f(x_2, y_2)$$

ist für alle x_1, y_1; x_2, y_2 *in* $\mathfrak{G}$ *und für alle* $\lambda_1 + \lambda_2 = 1$; $\lambda_1 \geqq 0$, $\lambda_2 \geqq 0$ *und wenn außerdem* $f(x, y)$ *in* $\mathfrak{G}$ *nach unten beschränkt ist:*

$$f(x, y) \geqq m .$$

Diese letzte Bedingung ist bei der in der früher angegebenen Weise aus einem konvexen Körper $\mathfrak{K}$ entspringenden konvexen Funktion f sicher erfüllt, wegen der vorausgesetzten Beschränktheit von $\mathfrak{K}$. Ebenso wie $f(x, y)$ ist die früher eingeführte Funktion $-g(x, y)$ konvex (nach oben). Man könnte auch sagen: g selbst ist *nach unten* konvex.

Aus unserer Definition der konvexen Funktionen folgt sofort: *Sind* $f_1(x, y)$ *und* $f_2(x, y)$ *in* $\mathfrak{G}$ *definierte (nach oben) konvexe Funktionen, so ist auch die Funktion*

$$f(x, y) = c_1 f_1(x, y) + c_2 f_2(x, y)$$

(nach oben) konvex, sobald $c_1 \geqq 0$ *und* $c_2 \geqq 0$ *ist.* Anders ausgedrückt: Durch Linearkombination mit *positiven* Koeffizienten tritt man nicht heraus aus der Gesamtheit der konvexen Funktionen. Insbesondere ist z. B. die Funktion

$$\tfrac{1}{2} f(x, y) - \tfrac{1}{2} g(x, y)$$

konvex.

II. Festlegung eines konvexen Körpers durch Ungleichheiten

In dem früher erklärten Sinne der räumlichen Geometrie hat ein konvexer Bereich $\mathfrak{G}$ in der Ebene $z = 0$ keine inneren Punkte, sondern nur Randpunkte. Beschränken wir hingegen unser Augenmerk auf die ebene Geometrie in $z = 0$, so können wir wieder von inneren und von Randpunkten von $\mathfrak{G}$ sprechen, je nachdem sich die Punkte in Kreisscheibchen innerhalb $\mathfrak{G}$ einschließen lassen oder nicht. Wir wollen annehmen, unser Bereich $\mathfrak{G}$ habe in diesem Sinne innere Punkte, mit anderen Worten, wir schließen jetzt aus, daß $\mathfrak{G}$ sich auf eine bloße Strecke zusammenziehe. Das Innere von $\mathfrak{G}$, d. h. die Gesamtheit der inneren Punkte, sei mit $\mathfrak{G}_0$ bezeichnet.

In $\mathfrak{G}_0$ sei eine im oben erklärten Sinne (nach oben) konvexe Funktion $f(x, y)$ erklärt, und zwar sei $f(x, y) \geqq m$. Dann erklären wir eine räumliche Menge von Punkten x, y, z durch die Bedingungen

$$\mathfrak{M} \begin{cases} x, y \text{ in } \mathfrak{G}_0, \\ m \leqq z \leqq f(x, y) \end{cases}$$

und behaupten: *Nimmt man zu dieser Punktmenge alle ihre Häufungspunkte hinzu, erweitert man also die Menge zu einer abgeschlossenen, so erhält man einen konvexen Körper* $\mathfrak{M}$.

Zum Beweise ist zunächst die Einsicht erforderlich, daß $\mathfrak{M}$ beschränkt ist, oder, was auf dasselbe hinausläuft, daß die Funktion $f(x, y)$ auch nach oben beschränkt ist:

$$f(x, y) \leqq n .$$

Wir nehmen für den Augenblick der Einfachheit halber an, es sei $m = 0$, also $f(x, y) \geqq 0$, was man durch eine für unsere Überlegung unwesentliche Parallelverschiebung in der z-Richtung immer herbeiführen kann.

Sei nun x_0, y_0 0 ein Punkt von $\mathfrak{G}_0$ und $\mathfrak{S}$ eine Kreisscheibe mit x_0, y_0 als Mittelpunkt, die in $\mathfrak{G}_0$ enthalten ist. Den Punkt P_0 mit den Koordinaten $x_0, y_0, z_0 = f(x_0, y_0)$ verbinden wir durch geradlinige Strecken mit allen Punkten der Kreisscheibe $\mathfrak{S}$. Diese Strecken erfüllen dann einen abgeschnittenen Drehkegel $\mathfrak{D}$, der $\mathfrak{S}$ als Basis und P_0 als Spitze hat und in $\mathfrak{M}$ enthalten ist, wie aus der Konvexität von f folgt. Verlängert man $\mathfrak{D}$ über die Spitze P_0 hinaus, so erhält man einen zweiten Drehkegel $\mathfrak{D}^*$, dessen Inneres von $\mathfrak{M}$ frei ist. Läge nämlich ein Punkt Q von $\mathfrak{M}$ im Innern von $\mathfrak{D}^*$, so enthielte $\mathfrak{M}$ den Kegel, der $\mathfrak{S}$ als Basis und Q zur Spitze hat, und es wäre infolgedessen $f(x_0, y_0) > z_0$.

Daraus aber, daß $\mathfrak{D}^*$ von $\mathfrak{M}$ frei ist, folgt sofort *die Beschränktheit* von $\mathfrak{M}$. Ebenso folgt aus der Tatsache, daß die „Fläche“ $z = f(x, y)$ zwischen den Kegeln $\mathfrak{D}$ und $\mathfrak{D}^*$ verläuft, *die Stetigkeit* der konvexen Funktion $f(x, y)$ an der Stelle x_0, y_0:

Eine in einem konvexen Bereich definierte konvexe Funktion ist in jedem inneren Punkt des Bereiches stetig.

Daß die abgeschlossene und beschränkte Punktmenge $\mathfrak{M}$ auch die Konvexitätseigenschaft hat, folgt sofort aus der Konvexität von f. Wir können daher feststellen:

Es sei $\mathfrak{G}_0$ *das Innere eines konvexen Bereichs in* $z = 0$ *und in* $\mathfrak{G}_0$ *seien zwei konvexe Funktionen* $f(x, y)$ *und* $-g(x, y)$ *erklärt, und zwar sei*

$$f(x, y) - g(x, y) \geqq 0 .$$

Dann ist durch die Bedingungen

$$\mathfrak{K}\begin{cases} x,\ y \text{ in } \mathfrak{G}_0, \\ g(x, y) \leqq z \leqq f(x, y) \end{cases}$$

eine Menge von Punkten x, y, z erklärt, die, wenn man sie zu einer abgeschlossenen Menge erweitert, einen konvexen Körper $\mathfrak{K}$ ergibt, und nach dem Früheren (S. 48) *ist jeder konvexe Körper in dieser Weise analytisch definierbar, sobald er sich nicht auf eine Strecke reduziert.*

Dieser Körper $\mathfrak{K}$ ist nämlich der Durchschnitt der beiden konvexen Körper $\mathfrak{M}$ und $\mathfrak{N}$, die durch die Bedingungen festgelegt werden:

$$\mathfrak{M}\begin{cases} x,\ y \text{ in } \mathfrak{G}_0, \\ m \leqq z \leqq f(x, y), \end{cases} \qquad \mathfrak{N}\begin{cases} x,\ y \text{ in } \mathfrak{G}_0, \\ g(x, y) \leqq z \leqq n, \end{cases}$$

wenn die Funktionen f und g zwischen den Schranken m und n liegen:

$$m < f(x, y) < n, \qquad m < g(x, y) < n.$$

III. Konvexe Funktionen einer Veränderlichen

Bisher hatten wir angenommen, daß der Definitionsbereich $\mathfrak{G}$ unserer konvexen Funktionen innere Punkte enthalte; es bleibt also noch der Fall zu betrachten, daß $\mathfrak{G}$ eine Strecke ist, die wir uns etwa auf der x-Achse gelegen denken. Dann haben wir

$$\mathfrak{K}\begin{cases} a \leqq x \leqq b, \quad y = 0, \\ g(x) \leqq z \leqq f(x) \end{cases}$$

und die Funktionen f und $-g$ sind in $a < x < b$ konvex, d. h. es ist

$$f(\lambda_1 x_1 + \lambda_2 x_2) \geqq \lambda_1 f(x_1) + \lambda_2 f(x_2) \tag{1}$$

für

$$\lambda_1 + \lambda_2 = 1; \quad \lambda_1 \geqq 0, \quad \lambda_2 \geqq 0$$

und es ist

$$f(x) > m.$$

Setzen wir $\lambda_1 = 1 - \vartheta$, $\lambda_2 = \vartheta$, so können wir auch schreiben:

$$f\big((1-\vartheta)x_1 + \vartheta x_2\big) \geqq (1-\vartheta) f(x_1) + \vartheta f(x_2), \tag{2}$$
$$0 \leqq \vartheta \leqq 1.$$

Es soll nun Folgendes bewiesen werden: *In jedem inneren Punkte x des Definitionsintervalls $a < x < b$ existiert der (endliche) Grenzwert:*

$$\lim_{h \to 0} \frac{f(x+h) - f(x-h)}{2h} = f^*(x). \tag{3}$$

Das kann man etwa so einsehen: Die Funktion

$$\varphi(x, h) = \frac{f(x+h) - f(x)}{h} \tag{4}$$

ist bei festgehaltenem x eine monoton abnehmende oder wenigstens nicht zunehmende Funktion von h. Es ist nämlich für $0 < \vartheta < 1$

$$(5) \qquad \varphi(x, h) - \varphi(x, \vartheta h) = \frac{(1-\vartheta) f(x) + \vartheta f(x+h) - f(x+\vartheta h)}{\vartheta h}$$

und der Zähler ist nach (2) nicht positiv.

Wegen der Monotonie von $\varphi(x, h)$ existieren bekanntlich die Grenzwerte $\varphi(x, \pm 0)$, die sogenannten rechtsseitigen und linksseitigen Ableitungen von f. Daraus folgt aber die behauptete Existenz von

$$(6) \qquad f^*(x) = \frac{\varphi(x, +0) + \varphi(x, -0)}{2}.$$

Ist $f(x)$ im gewöhnlichen Sinne differenzierbar, d. h. ist

$$\varphi(x, +0) = \varphi(x, -0) = f'(x),$$

so ist also

$$f^*(x) = f'(x)$$

und wir können daher $f^*(x)$ als *verallgemeinerte Ableitung* der konvexen Funktion $f(x)$ bezeichnen. In der Existenz der linksseitigen und rechtsseitigen Ableitung ist auch die *Stetigkeit* von f mit enthalten.

Aus der Monotonie von φ ergibt sich für $h > 0$

$$(7) \qquad \varphi(x, -h) \geqq \varphi(x, -0) \geqq f^*(x) \geqq \varphi(x, +0) \geqq \varphi(x, +h)$$

oder, wenn man für φ seinen Wert einsetzt

$$(8) \qquad \frac{f(x) - f(x-h)}{h} \geqq f^*(x) \geqq \frac{f(x+h) - f(x)}{h},$$

beides wieder für $h > 0$. Wechselt man die Bezeichnung, indem man einmal für $x - h$ und x und das andere Mal für x und $x + h$ einführt x_1 und x_2, so erhält man

$$(9) \qquad f^*(x_1) \geqq \frac{f(x_2) - f(x_1)}{x_2 - x_1} \geqq f^*(x_2)$$

für $x_1 < x_2$, d. h. $f^*(x)$ ist auch monoton:

Ist $f(x)$ eine im Intervall $a < x < b$ definierte konvexe Funktion, so existiert in jedem inneren Punkte x des Intervalls die verallgemeinerte Ableitung

$$f^*(x) = \lim_{h \to 0} \frac{f(x+h) - f(x-h)}{2h}$$

und diese ist eine nicht zunehmende Funktion.

IV. Stützgeraden, Stützebenen

Aus den Beziehungen (8) ergibt sich

$$f(x+h) \leqq f(x) + h f^*(x) \tag{10}$$

für $h \gtreqless 0$, d. h. geometrisch: Die Kurve $\zeta = f(\xi)$ liegt ganz „unterhalb" der Geraden $\zeta = f(x) + (\xi - x) f^*(x)$. Daraus schließen wir: *Durch jeden Randpunkt*[1] *eines konvexen Bereichs geht mindestens eine Gerade in der Ebene des Bereichs hindurch, die den Bereich ganz auf einer Seite läßt.*

Hat nämlich der Bereich keine inneren Punkte, so ist diese Tatsache selbstverständlich, und sonst brauchen wir nur die gerichtete Verbindungsgerade eines inneren Punktes mit dem zu untersuchenden Randpunkt als positive z-Richtung zu nehmen und erhalten dann unseren Satz durch die eben angeführte Formel (10) bestätigt. Nach H. Minkowski nennt man eine solche durch mindestens einen Punkt des Bereichs hindurchgehende und in seiner Ebene liegende Gerade, die, wie wir kurz sagen können, den Bereich nicht zerschneidet, eine *Stützgerade* des Bereichs.

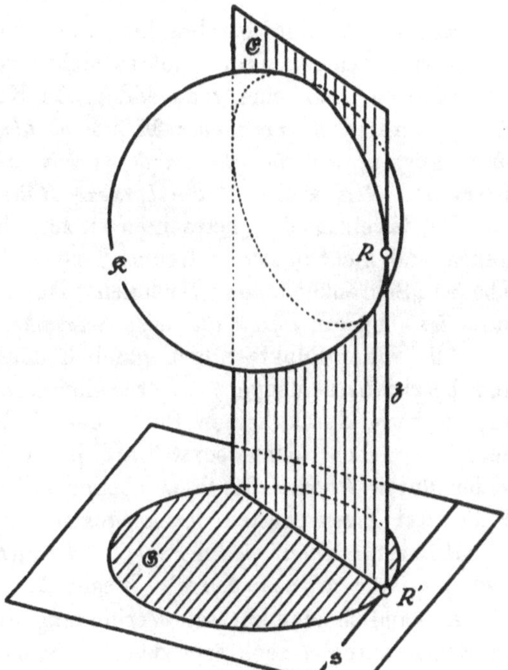

Fig. 10.

Wir wollen nun ähnlich für die räumliche Geometrie beweisen: *Durch jeden Randpunkt R eines konvexen Körpers 𝔎 geht mindestens eine Stützebene, d. h. eine Ebene, auf deren einer Seite der Körper gelegen ist.*

Wir legen zum Beweise durch R irgend eine Ebene 𝔈, die 𝔎 in dem konvexen Bereich 𝔅 durchschneiden möge (Fig. 10). Durch R

[1] „Randpunkt" im Sinn der ebenen Geometrie, vgl. S. 49 unten.

geht dann eine Stützgerade $\mathfrak{z}$ an $\mathfrak{B}$ in $\mathfrak{E}$, die wir zur z-Achse wählen. Wir suchen den Grundriß $\mathfrak{G}$ von $\mathfrak{K}$ auf $z = 0$; der Grundriß von R sei R', die Schnittlinie von $\mathfrak{E}$ mit $z = 0$ sei $\mathfrak{e}$. Da in $\mathfrak{E}$ die eine Seite der Stützgeraden $\mathfrak{z}$ von $\mathfrak{B}$ und daher von $\mathfrak{K}$ frei ist, ist auch der eine der beiden Halbstrahlen von $\mathfrak{e}$, die in R' enden, von $\mathfrak{G}$ frei und daher ist R' Randpunkt von $\mathfrak{G}$. Demnach geht durch R' eine Stützgerade $\mathfrak{s}$ von $\mathfrak{G}$. Da nun die eine Seite von $\mathfrak{s}$ in $z = 0$ von $\mathfrak{G}$ frei ist, so ist auch die eine Seite der Ebene $\mathfrak{S}$ durch R und $\mathfrak{s}$ von $\mathfrak{K}$ frei, d. h. $\mathfrak{S}$ ist eine Stützebene durch R, w. z. b. w.[1]

V. Konvexe Hülle einer Punktmenge. Konvexe Vielflache

Es sei $\mathfrak{M}$ eine beschränkte und abgeschlossene Punktmenge in unserem Raume. Dann gibt es sicher konvexe Punktmengen, die $\mathfrak{M}$ enthalten, z. B. eine genügend große Kugel um $\mathfrak{M}$. *Unter allen diesen konvexen Körpern über $\mathfrak{M}$ gibt es aber einen kleinsten $\mathfrak{K}$, d. h. einen Körper, der in allen anderen konvexen Körpern über $\mathfrak{M}$ enthalten ist.* Wir wollen $\mathfrak{K}$ die *konvexe Hülle* von $\mathfrak{M}$ nennen.

Um das einzusehen, betrachten wir zunächst die Ebenen, die $\mathfrak{M}$ nicht treffen und nicht in zwei getrennte Teile zerlegen. Wir wollen solche Ebenen „Schranken" von $\mathfrak{M}$ nennen. Dann behaupten wir: *$\mathfrak{K}$ besteht aus allen Punkten, durch die keine Schranke von $\mathfrak{M}$ hindurchgeht.*

Alle diese Punkte bilden nämlich offenbar eine abgeschlossene und beschränkte Menge. Gehören ihr ferner die Punkte P und Q an, so kann durch keinen Punkt der Verbindungsstrecke PQ eine Schranke gehen, denn sonst wäre ja die Parallelebene dazu entweder durch P oder durch Q ebenfalls Schranke. Damit sind an $\mathfrak{K}$ die drei Eigenschaften des konvexen Körpers erkannt.

Hilfssatz: *Durch jeden Punkt A, der nicht im konvexen Körper $\mathfrak{K}^*$ liegt, geht eine Schranke von $\mathfrak{K}^*$.* Wegen der Abgeschlossenheit von $\mathfrak{K}^*$ gibt es nämlich eine kürzeste Verbindungsstrecke $\overline{AB}$ von A mit $\mathfrak{K}^*$: die Ebene durch A senkrecht dazu ist Schranke. Enthielte sie nämlich einen Punkt C von $\mathfrak{K}^*$, so läge die Strecke $\overline{BC}$ in $\mathfrak{K}^*$ und der Fußpunkt des Lotes von A auf diese Strecke läge näher an A als B entgegen der Voraussetzung.

Ist nun $\mathfrak{K}^*$ irgend ein konvexer Körper über $\mathfrak{M}$, so geht also durch jeden nicht in $\mathfrak{K}^*$ liegenden Punkt A eine Schranke von $\mathfrak{K}^*$,

[1] Man könnte vermuten, daß für konvexe Funktionen von 2 Veränderlichen in Analogie zu (10) eine Formel gilt

$$f(x+h,\ y+k) \leqq f(x,\ y) + h f_x^*(x,\ y) + k f_y^*(x,\ y),$$

doch ist das, wie man an Beispielen sehen kann, im Allgemeinen nicht richtig.

die natürlich auch Schranke von $\mathfrak{M}$ ist. A liegt daher nicht in $\mathfrak{K}$ und daher ist $\mathfrak{K}$ in $\mathfrak{K}^*$ enthalten, wie wir zeigen wollten. Schließlich liegt $\mathfrak{M}$ in $\mathfrak{K}$.

Nebenbei erwähnt, kann man den kleinsten konvexen Körper $\mathfrak{K}$ über einer Menge $\mathfrak{M}$ auch einfach *mechanisch* deuten. Belegt man nämlich $\mathfrak{M}$ mit *positiver* Masse, so liegt der Schwerpunkt der Massenbelegung immer in $\mathfrak{K}$. Umgekehrt kann man die (nicht negative) Belegung so einrichten, daß der Schwerpunkt in einen beliebig vorgeschriebenen Punkt von $\mathfrak{K}$ zu liegen kommt.

Besteht $\mathfrak{M}$ aus *endlich vielen* nicht in einer Ebene gelegenen Punkten, so nennt man die zugehörige konvexe Hülle $\mathfrak{K}$ von $\mathfrak{M}$, die dann auch innere Punkte enthält, ein *konvexes Vielflach.* Liegen hingegen die Punkte von $\mathfrak{M}$ alle in einer Ebene, so wird $\mathfrak{K}$ eine *konvexe Vielecksfläche.*

Die Begrenzung eines konvexen Vielflachs wird durch endlich viele konvexe Vielecksflächen gebildet. Beispiele für konvexe Vielflache sind die fünf regelmäßigen Körper des Plato: das regelmäßige Vierflach, der Würfel und das regelmäßige Achtflach, schließlich die regelmäßigen Zwölf- und Zwanzigflache.

VI. Die Stützfunktion

Zu jeder Ebene gibt es an einen konvexen Körper $\mathfrak{K}$ mit inneren Punkten gerade zwei verschiedene parallele Stützebenen an $\mathfrak{K}$. Denken wir uns nämlich etwa die Ebene wagerecht, so gibt es wegen der vorausgesetzten Abgeschlossenheit und Beschränktheit einen höchsten und einen tiefsten Punkt von $\mathfrak{K}$ und die wagrechten Ebenen durch diese zwei Punkte sind die gesuchten Stützebenen. Mehr als zwei parallele Stützebenen sind aber unmöglich, wie sich ohne Weiteres aus ihrer Erklärung ergibt.

Errichten wir zu jeder Stützebene von $\mathfrak{K}$ nach außen hin, also nach der Seite, die von $\mathfrak{K}$ frei ist, die gerichtete Senkrechte und nennen wir ihre Richtungskosinus α, β, γ und die Entfernung der Stützebene vom Koordinatenanfang, den wir uns etwa im Innern von $\mathfrak{K}$ gelegen denken, $H (> 0)$, so ist

$$H = H(\alpha, \beta, \gamma)$$

eine eindeutige Funktion auf der Kugel $\alpha^2 + \beta^2 + \gamma^2 = 1$. Man nennt sie nach Minkowski die *Stützebenenfunktion oder Stützfunktion* von $\mathfrak{K}$. Die Punkte x, y, z von $\mathfrak{K}$ genügen den Ungleichheiten

$$(*) \qquad \alpha x + \beta y + \gamma z \leqq H(\alpha, \beta, \gamma).$$

Da nach unserem Hilfsatz (S. 54) durch jeden Punkt außerhalb von $\mathfrak{K}$ eine Schranke

$$\alpha_0 x + \beta_0 y + \gamma_0 z = H_0 > H(\alpha_0, \beta_0, \gamma_0)$$

hindurchgeht, so ist das Bestehen aller Ungleichheiten (*) für alle Werte von α, β, γ $(\alpha^2 + \beta^2 + \gamma^2 = 1)$ für die Punkte x, y, z von $\mathfrak{K}$ kennzeichnend.

§ 17. Rauminhalt und Oberfläche

I. Rauminhalt und Oberfläche bei Vielflachen

Wir denken uns die Begriffe „Rauminhalt" und „Oberfläche" für die konvexen Vielflache in der üblichen Weise erklärt als absolute Größen, d. h. stets mit dem positiven Vorzeichen versehen, und wir wollen daraus die Erklärung der entsprechenden Begriffe für beliebige konvexe Körper herleiten.

Es sei $\mathfrak{B}$ ein konvexes Vielflach, $\mathfrak{W}$ ein zweites, das $\mathfrak{B}$ enthält, aber auch noch Punkte, die nicht in $\mathfrak{B}$ liegen, was wir durch die Schreibweise $\mathfrak{B} < \mathfrak{W}$ andeuten. Ferner sei mit $\lambda\mathfrak{B}$ das Vielflach bezeichnet, das man erhält, wenn man die Koordinaten aller Punkte von $\mathfrak{B}$ im Verhältnis $1 : \lambda$ $(\lambda > 0)$ abändert. Vom Inhalt J und von der Oberfläche O von Vielflachen setzen wir dann folgende Eigenschaften als bekannt voraus:

1. Aus $\mathfrak{B} < \mathfrak{W}$ folgt $J_{\mathfrak{B}} < J_{\mathfrak{W}}$ und $O_{\mathfrak{B}} < O_{\mathfrak{W}}$.
2. Es ist $J_{\lambda\mathfrak{B}} = \lambda^3 J_{\mathfrak{B}}$ und $O_{\lambda\mathfrak{B}} = \lambda^2 O_{\mathfrak{B}}$.
3. Ein Vielflach $\mathfrak{B}$ sei durch eine Ebene, die $\mathfrak{B}$ in einem konvexen Bereich vom Flächeninhalt F trifft, in zwei Teilvielflache $\mathfrak{B}_1$ und $\mathfrak{B}_2$ zerschnitten. Dann drückt sich die „additive Eigenschaft" von J und O in folgenden Beziehungen aus

$$J_{\mathfrak{B}_1} + J_{\mathfrak{B}_2} = J_{\mathfrak{B}}, \qquad O_{\mathfrak{B}_1} + O_{\mathfrak{B}_2} = O_{\mathfrak{B}} + 2F.$$

II. Annäherung durch Vielflache

Um nun die Begriffe auf beliebige konvexe Körper ausdehnen zu können, brauchen wir einen Satz von Minkowski über die Annäherung beliebiger konvexer Körper durch konvexe Vielflache. Dieser Satz läßt sich so aussprechen:

Es sei $\mathfrak{K}$ ein beliebiger konvexer Körper und der Koordinatenanfangspunkt sei ein innerer Punkt[1] von $\mathfrak{K}$. Dann kann man zu jedem

[1] Hat $\mathfrak{K}$ keinen inneren Punkt, so ist $J_{\mathfrak{K}} = 0$ und $O_{\mathfrak{K}} =$ doppelter Flächeninhalt von $\mathfrak{K}$. (Vgl. S. 59.)

noch so kleinen positiven ε ein konvexes Vielflach $\mathfrak{V}$ so bestimmen, daß

$$\mathfrak{K} < \mathfrak{V} < \mathfrak{K}(1+\varepsilon)$$

ist.

Das beweist man etwa so. Wir überdecken den Raum mit einem Punktgitter von der Seitenlänge σ, d. h. wir betrachten alle Punkte, deren Koordinaten die Form haben

$$x = p\sigma, \quad y = q\sigma, \quad z = r\sigma,$$

wo p, q und r ganze Zahlen sind. Dadurch wird der Raum in lauter Würfel von der Seitenlänge σ zerspalten und von diesen (abgeschlossenen) Würfeln fassen wir alle die ins Auge, die mit $\mathfrak{K}$ mindestens einen Punkt gemein haben. Sie bilden zusammen eine abgeschlossene Punktmenge $\mathfrak{M}$, über der wir die konvexe Hülle $\mathfrak{V}$ konstruieren. (In der Fig. 11 ist die entsprechende Konstruktion in der Ebene veranschaulicht). $\mathfrak{V}$ ist ein Vielflach, denn $\mathfrak{V}$ ist auch kleinster konvexer Körper über den (endlich vielen) Ecken aller Würfel (Gitterpunkte) von $\mathfrak{M}$. $\mathfrak{K}$ liegt in $\mathfrak{V}$ und anderseits ist kein Punkt von $\mathfrak{M}$ um mehr als die Würfeldiagonale $\sigma\sqrt{3}$ von $\mathfrak{K}$ entfernt. Anders ausgedrückt: $\mathfrak{M}$ und daher auch $\mathfrak{V}$ liegen im konvexen Parallelkörper $\mathfrak{K}_\varrho$ $\{\varrho = \sigma\sqrt{3}\}$ zu $\mathfrak{K}$ (vgl. S. 48). Das gibt für die zugehörigen Stützfunktionen die Beziehung

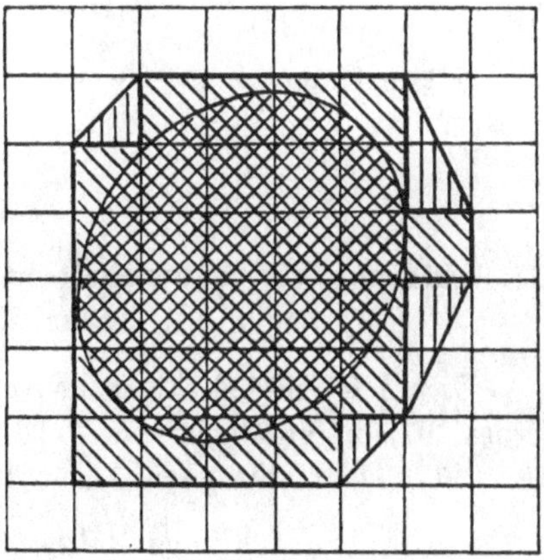

Fig. 11.

$$(*) \qquad H_{\mathfrak{K}} < H_{\mathfrak{V}} \leqq H_{\mathfrak{K}} + \sigma\sqrt{3}.$$

Es sei nun ϱ der Halbmesser einer Kugel um den Koordinatenanfang innerhalb $\mathfrak{K}$, also

$$0 < \varrho < H_{\mathfrak{K}}.$$

Dann ist

$$\sigma\sqrt{3} < \frac{\sigma\sqrt{3}}{\varrho} H_{\mathfrak{K}}$$

und daher

$$H_{\mathfrak{K}} < H_{\mathfrak{V}} < H_{\mathfrak{K}}\left(1 + \frac{\sigma\sqrt{3}}{\varrho}\right).$$

Da uns die Wahl von σ offen steht, ist darin schon das gewünschte Ergebnis enthalten.

Da die Stützfunktion $H_{\mathfrak{V}}$ eines Vielflachs $\mathfrak{V}$ offenbar stetig ist, sehen wir aus (*), daß wir die Stützfunktion eines beliebigen konvexen Körpers $\mathfrak{K}$ gleichmäßig durch stetige Funktionen annähern können. Daraus folgt:

Die Stützfunktion $H(\alpha, \beta, \gamma)$ eines beliebigen konvexen Körpers ist auf der ganzen Einheitskugel $\alpha^2 + \beta^2 + \gamma^2 = 1$ stetig.

Den Annäherungssatz Minkowskis kann man auch so wenden: *Man kann einen beliebigen konvexen Körper $\mathfrak{K}$ mit dem Koordinatenanfang als inneren Punkt stets beliebig eng zwischen ähnlich liegende konvexe Vielflache einschließen*

$$\mathfrak{V}(1 - \varepsilon) < \mathfrak{K} < \mathfrak{V}.$$

$\mathfrak{V}$ konstruiere man wie vorhin. Dann stimmt die Formel, wenn man nimmt

$$\varepsilon = \frac{\sigma\sqrt{3}}{\varrho}.$$

III. Erklärung von Rauminhalt und Oberfläche bei beliebigen konvexen Körpern

Es sei $\mathfrak{K}$ ein beliebiger konvexer Körper mit inneren Punkten, ferner $\mathfrak{V}$ ein Vielflach um $\mathfrak{K}$ $\{\mathfrak{V} > \mathfrak{K}\}$ und $\mathfrak{W}$ ein Vielflach in $\mathfrak{K}$ $\{\mathfrak{W} < \mathfrak{K}\}$. Dann gilt nach 1. für Inhalt und Oberfläche von $\mathfrak{V} > \mathfrak{W}$

$$J_{\mathfrak{V}} > J_{\mathfrak{W}}, \qquad O_{\mathfrak{V}} > O_{\mathfrak{W}}$$

und wir können daher für Inhalt und Oberfläche von $\mathfrak{K}$ die Bedingungen ansetzen

$$J_{\mathfrak{V}} > J_{\mathfrak{K}} > J_{\mathfrak{W}},$$

$$O_{\mathfrak{V}} > O_{\mathfrak{K}} > O_{\mathfrak{W}}.$$

Dadurch sind aber die Maßzahlen $J_{\mathfrak{K}}$, $O_{\mathfrak{K}}$, wenn diese Ungleichheiten für alle $\mathfrak{K}$ enthaltenden Vielflache $\mathfrak{V}$ und alle in $\mathfrak{K}$ enthaltenen $\mathfrak{W}$ gelten sollen, wie wir zeigen wollen, eindeutig bestimmt.

Das ergibt sich aus der Eigenschaft 2. und dem bewiesenen Annäherungssatz. Wir brauchen nämlich nur zu zeigen, daß sich zu jedem positiven δ zwei Vielflache $\mathfrak{V}$, $\mathfrak{W}$ so bestimmen lassen, daß

$$\mathfrak{V} > \mathfrak{K} > \mathfrak{W}$$

und

$$J_{\mathfrak{V}} - J_{\mathfrak{W}} < \delta, \qquad O_{\mathfrak{V}} - O_{\mathfrak{W}} < \delta$$

ausfällt. Nach unserem Annäherungssatze können wir

$$\mathfrak{W} = (1 - \varepsilon)\mathfrak{V}$$

wählen und wir haben dann nach 2.

$$J_{\mathfrak{B}} - J_{\mathfrak{W}} = \left\{\frac{1}{(1-\varepsilon)^3} - 1\right\} J_{\mathfrak{W}},$$

$$O_{\mathfrak{B}} - O_{\mathfrak{W}} = \left\{\frac{1}{(1-\varepsilon)^2} - 1\right\} O_{\mathfrak{W}}.$$

Schließen wir $\mathfrak{K}$ und damit $\mathfrak{W}$ in einen Würfel von der Seitenlänge s ein, so finden wir demnach

$$J_{\mathfrak{B}} - J_{\mathfrak{W}} < \left\{\frac{1}{(1-\varepsilon)^3} - 1\right\} s^3,$$

$$O_{\mathfrak{B}} - O_{\mathfrak{W}} < \left\{\frac{1}{(1-\varepsilon)^2} - 1\right\} 6\, s^2.$$

Da $\varepsilon > 0$ beliebig herabgedrückt werden kann, so ist darin das gewünschte Ergebnis enthalten.

Wir können $J_{\mathfrak{K}}$ und $O_{\mathfrak{K}}$ daher so erklären:

Rauminhalt und Oberfläche eines konvexen Körpers $\mathfrak{K}$ mit inneren Punkten sind die oberen Grenzen der Rauminhalte und Oberflächen der in $\mathfrak{K}$ enthaltenen konvexen Vielflache und die unteren Grenzen der Rauminhalte und Oberflächen der $\mathfrak{K}$ enthaltenden konvexen Vielflache.

Genau entsprechend kann man in der ebenen Geometrie Flächeninhalt und Umfang eines konvexen Bereichs erklären aus den entsprechenden Maßzahlen der im Bereich enthaltenen und ihn enthaltenden konvexen Vielecke.

Den Rauminhalt eines konvexen Bereichs werden wir gleich Null zu setzen haben und seine Oberfläche gleich seinem doppelten Flächeninhalt.

Die in § 17, I angegebenen drei Eigenschaften von J und O bei Vielflachen lassen sich jetzt mittels des Annäherungssatzes von Minkowski auf beliebige konvexe Körper übertragen.

IV. Konvergente Folgen konvexer Körper

Zu jeder konvexen Punktmenge $\mathfrak{K}$ gehört somit ein bestimmter Rauminhalt $J_{\mathfrak{K}}$ und eine bestimmte Oberfläche $O_{\mathfrak{K}}$, es sind also jeder derartigen Menge zwei Zahlen zugeordnet. Eine gewöhnliche Funktion ordnet jedem Punkt einer Menge, z. B. jedem Punkt eines Intervalls eine Zahl zu. Hier haben wir also eine Verallgemeinerung des Funktionsbegriffs vor uns, man spricht von „*Mengenfunktionen*" oder kürzer von „*Funktionalen*".

Von den beiden erklärten Funktionalen $J_{\mathfrak{K}}$ und $O_{\mathfrak{K}}$ wollen wir aus ihrer Definition eine gewisse Stetigkeitseigenschaft ableiten, die davon handeln soll, daß sowohl die Rauminhalte wie die Oberflächen zweier „genügend benachbarter“ konvexer Körper sich um beliebig wenig unterscheiden. Dazu ist zunächst erforderlich, dem Wort „benachbart“ eine klare Bedeutung unterzulegen.

Ist P ein fester Punkt und $\mathfrak{K}$ ein konvexer Körper, so versteht man unter der *Entfernung* $E(P, \mathfrak{K})$ *des Punktes* P *von* $\mathfrak{K}$ das Minimum der Entfernung zweier Punkte P und Q, von denen Q in $\mathfrak{K}$ liegt. Ein solches Minimum gibt es wegen der Abgeschlossenheit von $\mathfrak{K}$.

Wir können nun erklären: $v (> 0)$ heiße das *Maß der Nachbarschaft* $v = N(\mathfrak{K}, \mathfrak{L})$ zweier konvexer Körper $\mathfrak{K}$ und $\mathfrak{L}$, wenn es die kleinste Zahl ist mit der Eigenschaft, daß die Entfernung jedes Punktes aus $\mathfrak{L}$ von $\mathfrak{K}$ $\leqq v$ ist und umgekehrt die Entfernung jedes in $\mathfrak{K}$ liegenden Punktes von $\mathfrak{L}$ ebenso $\leqq v$ ist.

Dann können wir weiter festsetzen: *Eine Folge konvexer Körper* $\mathfrak{K}_1, \mathfrak{K}_2, \mathfrak{K}_3 \ldots$ *konvergiert gegen einen konvexen Körper* $\mathfrak{L}$, *in Zeichen*

$$\mathfrak{L} = \lim_{n \to \infty} \mathfrak{K}_n ,$$

wenn die zugehörigen Nachbarschaftsmaße gegen Null streben

$$\lim_{n \to \infty} N(\mathfrak{K}_n, \mathfrak{L}) = 0 .$$ [1]

Beispiele. Es sei $\mathfrak{L}$ ein beliebiger konvexer Körper mit inneren Punkten oder auch ohne innere Punkte. Dann bildet die Gesamtheit aller Punkte P, deren Entfernung $E(P, \mathfrak{L}) \leqq \varrho_n$ ist, wieder einen konvexen Körper $\mathfrak{K}_n$, den wir Parallelkörper von $\mathfrak{K}$ genannt hatten. Lassen wir ϱ_n eine nach Null konvergente Zahlenfolge, z. B. $1, \frac{1}{2}, \frac{1}{3}, \ldots$ durchlaufen, so konvergieren die zugehörigen Körper nach $\mathfrak{L}$.

Um die Punkte M_n mit den Koordinaten $x = 1 : n$, $y = 0$, $z = 0 \{n = 1, 2, 3 \ldots\}$ seien Kugeln $\mathfrak{K}_n$ beschrieben mit den Halbmessern $1 : 2^n$. Dann existiert

$$\lim_{n \to \infty} \mathfrak{K}_n = \mathfrak{L} ,$$

und zwar fällt $\mathfrak{L}$ mit dem Ursprung zusammen.

Der Annäherungssatz von S. 56 läßt sich jetzt auch so fassen: *Ist ein konvexer Körper* $\mathfrak{K}$ *und eine positive Zahl* v *gegeben, so kann man ein konvexes Vielflach* $\mathfrak{B}$ *stets so bestimmen, daß* $N(\mathfrak{K}, \mathfrak{B}) < v$ *wird.*

Sind $\mathfrak{K}_1$ und $\mathfrak{K}_2$ zwei konvexe Körper, die den Koordinatenanfang enthalten und H_1, H_2 ihre Stützfunktionen, so ist

$$| H_1 - H_2 | \leqq N(\mathfrak{K}_1, \mathfrak{K}_2).$$

---

[1] Eine andere gleichwertige Erklärung für die Konvergenz bringen wir später (§ 18, V, S. 66).

V. Stetigkeitseigenschaft von Inhalt und Oberfläche

Jetzt sind wir in der Lage, die vorhin angekündigte *Stetigkeit der Funktionale* $J_{\mathfrak{K}}$ *und* $O_{\mathfrak{K}}$ scharf zu fassen:

Aus

$$\lim_{n\to\infty} \mathfrak{K}_n = \mathfrak{L}$$

folgt

$$\lim_{n\to\infty} J_{\mathfrak{K}n} = J_{\mathfrak{L}}, \quad \lim_{n\to\infty} O_{\mathfrak{K}n} = O_{\mathfrak{L}}.$$

Der Beweis liegt nach dem Vorangehenden auf der Hand. Nehmen wir zunächst an, $\mathfrak{L}$ enthalte innere Punkte, einen davon wählen wir zum Ursprung M. Die Kugel um M vom Halbmesser ϱ sei in $\mathfrak{L}$ enthalten. Dann ist

$$\left(1-\frac{\nu}{\varrho}\right)\mathfrak{L} < \mathfrak{K}_n < \left(1+\frac{\nu}{\varrho}\right)\mathfrak{L},$$

sobald das Nachbarschaftsmaß

$$N(\mathfrak{K}_n, \mathfrak{L}) < \nu$$

ist, wo ν eine positive Zahl $< \varrho$ bedeutet. Daraus folgt wegen der Eigenschaft 2.

$$\left(1-\frac{\nu}{\varrho}\right)^3 J_{\mathfrak{L}} < J_{\mathfrak{K}n} < \left(1+\frac{\nu}{\varrho}\right)^3 J_{\mathfrak{L}},$$

$$\left(1-\frac{\nu}{\varrho}\right)^2 O_{\mathfrak{L}} < O_{\mathfrak{K}n} < \left(1+\frac{\nu}{\varrho}\right)^2 O_{\mathfrak{L}}.$$

Darin sind aber die gewünschten Ergebnisse

$$\lim_{n\to\infty} J_{\mathfrak{K}n} = J_{\mathfrak{L}}, \quad \lim_{n\to\infty} O_{\mathfrak{K}n} = O_{\mathfrak{L}}$$

enthalten.

Der Fall, daß $\mathfrak{L}$ keine inneren Punkte hat, erledigt sich ebenso einfach. $\mathfrak{L}$ sei ein konvexer Bereich in der Ebene $z = 0$, der die Kreisscheibe mit dem Halbmesser ϱ um den Koordinatenanfang M enthält (reduziert sich nämlich $\mathfrak{L}$ auf eine Strecke oder einen Punkt, so ist die Richtigkeit der Behauptung ohne weiteres einleuchtend). Wir bilden den konvexen Körper

$$\mathfrak{M}_\nu \begin{cases} x, y \quad \text{in} \quad \left(1+\frac{\nu}{\varrho}\right)\mathfrak{L}, \\ \qquad |z| \leqq \nu. \end{cases}$$

Aus

$$N(\mathfrak{K}_n, \mathfrak{L}) < \nu \quad \text{folgt dann} \quad \mathfrak{K}_n < \mathfrak{M}_\nu$$

und daher, wenn $F_{\mathfrak{L}}$ den Flächeninhalt und $U_{\mathfrak{L}}$ den Umfang von $\mathfrak{L}$ bedeutet

$$J_{\mathfrak{K}n} < J_{\mathfrak{M}\nu} = \left(1+\frac{\nu}{\varrho}\right)^2 \cdot 2\nu \cdot F_{\mathfrak{L}},$$

$$O_{\mathfrak{K}n} < O_{\mathfrak{M}\nu} = 2\left(1+\frac{\nu}{\varrho}\right)^2 F_{\mathfrak{L}} + 2\nu\left(1+\frac{\nu}{\varrho}\right) U_{\mathfrak{L}}.$$

Es ergibt sich somit zunächst:

$$\lim_{n \to \infty} J_{\mathfrak{K}_n} = J_{\mathfrak{L}} = 0 .$$

Für die Oberfläche von $\mathfrak{K}_n$ brauchen wir noch eine zweite Abschätzung. Es sei G_n der Grundriß von $\mathfrak{K}_n$, d. h. die Gesamtheit der Normalrisse der Punkte von $\mathfrak{K}_n$ auf die Ebene $z = 0$. Dann ist

$$G_n > \left(1 - \frac{\nu}{\varrho}\right) \mathfrak{L}$$

und anderseits

$$O_{\mathfrak{K}_n} \geqq 2 F_{\mathfrak{G}_n} > 2 \left(1 - \frac{\nu}{\varrho}\right)^2 F_{\mathfrak{L}} .$$

Somit ist in der Tat

$$\lim_{n \to \infty} O_{\mathfrak{K}_n} = O_{\mathfrak{L}} = 2 F_{\mathfrak{L}} .$$

Die dabei benutzte Beziehung

$$O_{\mathfrak{K}_n} \geqq 2 F_{\mathfrak{G}_n}$$

zwischen der Oberfläche von $\mathfrak{K}_n$ und dem Flächeninhalt des Grundrisses ist für den Fall, daß $\mathfrak{K}_n$ ein Vielflach ist, richtig. Daraus folgt durch Grenzübergang nach dem früher Bewiesenen die Gültigkeit für den Fall, daß $\mathfrak{K}_n$ innere Punkte hat. Ist aber $\mathfrak{K}_n$ ein Bereich, so ist die Beziehung trivial.

§ 18. Eine Erweiterung des Satzes von Bolzano und Weierstrass über die Existenz eines Häufungspunktes

I. Der Auswahlsatz für konvexe Körper

Der Satz von Bolzano und Weierstrass über die Existenz eines Häufungspunktes kann so ausgesprochen werden:

Aus irgend einer beschränkten unendlichen Menge von Punkten kann man immer eine konvergente Punktfolge herausgreifen.

Dies ist nur ein Sonderfall eines allgemeinen Satzes über konvexe Körper, den wir jetzt beweisen wollen:

Auswahlsatz: *Aus einer unendlichen Menge $\mathfrak{M}$ gleichmäßig beschränkter konvexer Körper läßt sich immer eine Folge konvexer Körper $\mathfrak{K}_1$, $\mathfrak{K}_2$, $\mathfrak{K}_3$, . . . herausgreifen, die gegen einen konvexen Körper $\mathfrak{L}$ konvergiert*

$$\mathfrak{L} = \lim_{n \to \infty} \mathfrak{K}_n .$$

Dabei heißt die Menge der konvexen Körper „gleichmäßig beschränkt", wenn alle Körper der Menge innerhalb eines Würfels $\mathfrak{W}$ liegen, oder, was auf dasselbe hinauskommt, innerhalb einer genügend großen Kugel.

Was unter der Konvergenz zu verstehen ist, wurde in § 17, IV erklärt.

II. Das Diagonalverfahren von Cantor

Den Beweis kann man etwa so führen. $\mathfrak{W}$ sei durch die Ungleichheiten

$$|x| \leqq c, \quad |y| \leqq c, \quad |z| \leqq c$$

erklärt. Dann kann man alle Punkte in $\mathfrak{W}$, deren drei Koordinaten *rationale* Zahlen sind, numerieren, d. h. in eine Folge P_1, P_2, P_3, ... anordnen. Man schreibt sich dazu etwa ein Schema auf, in dessen $q$ter Zeile alle (endlich vielen) Punkte stehen, deren Koordinaten rationale Zahlen mit (positiven) Nennern $\leqq q$ sind. Dann numeriert man die Punkte in der ersten Zeile des Schemas, mit den folgenden Zahlen die in der zweiten Zeile usf. Dabei kann man vermeiden, daß derselbe rationale Punkt mehrere Nummern bekommt und erreicht auf diese Weise jedenfalls, daß alle rationalen Punkte von $\mathfrak{W}$ numeriert werden.

Es sei nun $\mathfrak{K}$ irgend ein konvexer Körper aus unserer Menge $\mathfrak{M}$ und $E(P_1, \mathfrak{K})$ die Entfernung des Punktes P_1 von diesem Körper (vgl. § 17, IV, S. 60). Dann ist die Menge aller Zahlen $E(P_1, \mathfrak{K})$ beschränkt, da

$$0 \leqq E(P_1, \mathfrak{K}) \leqq 2c\sqrt{3}$$

ist und wir können nach Bolzano-Weierstrass daher aus der Menge $\mathfrak{M}$ eine Folge von Körpern heraussuchen — wir wollen die Körper der Folge mit $\mathfrak{K}_{11}$, $\mathfrak{K}_{12}$, $\mathfrak{K}_{13}$, ... bezeichnen —, so daß

$$\operatorname*{Lim}_{n \to \infty} E(P_1, \mathfrak{K}_{1n})$$

existiert.

Aus der Folge $\mathfrak{K}_{11}$, $\mathfrak{K}_{12}$, $\mathfrak{K}_{13}$, ... können wir nun aus demselben Grunde wieder eine Teilfolge herausgreifen, sie heiße $\mathfrak{K}_{21}$, $\mathfrak{K}_{22}$, $\mathfrak{K}_{23}$, ..., so daß auch

$$\operatorname*{Lim}_{n \to \infty} E(P_2, \mathfrak{K}_{2n})$$

existiert.

Wiederholen wir diese Auswahl $k$mal, so kommen wir zu einer Folge $\mathfrak{K}_{k1}$, $\mathfrak{K}_{k2}$, $\mathfrak{K}_{k3}$, ... von konvexen Körpern aus unserer Menge $\mathfrak{M}$ mit der Eigenschaft, daß

$$\operatorname*{Lim}_{n \to \infty} E(P_j, \mathfrak{K}_{kn})$$

existiert für $j = 1, 2, \ldots k$. Fahren wir mit dieser Auswahl unbegrenzt fort, so erhalten wir ein Schema von konvexen Körpern

$$\begin{array}{l} \mathfrak{K}_{11},\ \mathfrak{K}_{12},\ \mathfrak{K}_{13},\ \mathfrak{K}_{14},\ \ldots \\ \mathfrak{K}_{21},\ \mathfrak{K}_{22},\ \mathfrak{K}_{23},\ \mathfrak{K}_{24},\ \ldots \\ \mathfrak{K}_{31},\ \mathfrak{K}_{32},\ \mathfrak{K}_{33},\ \mathfrak{K}_{34},\ \ldots \\ \mathfrak{K}_{41},\ \mathfrak{K}_{42},\ \mathfrak{K}_{43},\ \mathfrak{K}_{44},\ \ldots \\ \ldots\ldots\ldots\ldots\ldots \\ \ldots\ldots\ldots\ldots\ldots \end{array}$$

das sich nach zwei Richtungen ins Unendliche erstreckt. Jede Zeile des Schemas ist eine Folge von Körpern, die in der durch die vorhergehende Zeile gegebenen Folge enthalten ist.

Nach G. Cantor bilden wir nun die „Diagonalfolge" des Schemas

$$\mathfrak{K}_{11},\ \mathfrak{K}_{22},\ \mathfrak{K}_{33},\ \ldots$$

Diese enthält vom k-ten Glied ab nur Körper aus der Folge:

$$\mathfrak{K}_{k1},\ \mathfrak{K}_{k2},\ \mathfrak{K}_{k3},\ \ldots$$

Es existiert daher

$$\operatorname*{Lim}_{n \to \infty} E(P_j,\ \mathfrak{K}_{nn})$$

für $j = 1, 2, \ldots k$, und weil die natürliche Zahl k völlig beliebig ist, existiert dieser Grenzwert überhaupt für alle rationalen Punkte.

III. Konvergenz der ausgewählten Folge

Jetzt wollen wir von der Folge

$$\mathfrak{K}_{11},\ \mathfrak{K}_{22},\ \mathfrak{K}_{33},\ \ldots,$$

die wir kürzer mit

$$\mathfrak{K}_1,\ \mathfrak{K}_2,\ \mathfrak{K}_3,\ \ldots$$

bezeichnen wollen, zeigen, daß

$$\operatorname{Lim} E(P,\ \mathfrak{K}_n)$$

nicht nur für jeden rationalen Punkt P in $\mathfrak{W}$, sondern überhaupt für *jeden* Punkt P von $\mathfrak{W}$ existiert und daß dieser Grenzwert eine stetige Funktion der Koordinaten von P ist. Das ergibt sich aber sofort aus den Ungleichheiten zwischen den Seiten eines Dreiecks. Es ist

$$| E(P,\ \mathfrak{K}_n) - E(Q,\ \mathfrak{K}_n) | \leqq \overline{PQ}$$

und daher auch zunächst für rationale Punkte P und Q

$$(*) \qquad | \operatorname{Lim} E(P,\ \mathfrak{K}_n) - \operatorname{Lim} E(Q,\ \mathfrak{K}_n) | \leqq \overline{PQ}.$$

Ferner folgt aus der ersten Ungleichheit sofort, daß auch an einer irrationalen Stelle P die Zahlen

$$E(P,\ \mathfrak{K}_1), \quad E(P,\ \mathfrak{K}_2), \quad E(P,\ \mathfrak{K}_3)\ \ldots$$

nur einen Häufungswert haben können, daß also auch an einer irrationalen Stelle P

$$\lim_{n \to \infty} E(P, \mathfrak{K}_n)$$

existiert. Daraus ergibt sich weiter, daß auch für irrationale Punkte P und Q die Ungleichheit (*) gilt, und darin ist enthalten, daß die Funktion der Koordinaten von P

$$E(x, y, z) = \lim_{n \to \infty} E(P, \mathfrak{K}_n)$$

stetig ist.

Jetzt soll gezeigt werden: Alle Punkte P von $\mathfrak{W}$, für die $E(x, y, z) = 0$ ist, bilden einen konvexen Körper $\mathfrak{L}$.

Zunächst ist $\mathfrak{L} \leqq \mathfrak{W}$, also $\mathfrak{L}$ beschränkt. Ferner ist $\mathfrak{L}$ wegen der Stetigkeit der Funktion $E(x, y, z)$ abgeschlossen. Sind ferner P_1 und P_2 zwei Punkte und P ein Punkt ihrer Verbindungsstrecke, so folgt aus

$$E(P_1, \mathfrak{K}_n) < \varepsilon, \quad E(P_2, \mathfrak{K}_n) < \varepsilon$$

auch

$$E(P, \mathfrak{K}_n) < \varepsilon$$

und daher aus

$$\lim_{n \to \infty} E(P_1, \mathfrak{K}_n) = 0, \quad \lim_{n \to \infty} E(P_2, \mathfrak{K}_n) = 0$$

auch

$$\lim_{n \to \infty} E(P, \mathfrak{K}_n) = 0.$$

Enthält $\mathfrak{L}$ also P_1 und P_2, so enthält $\mathfrak{L}$ auch jeden Punkt P der Verbindungsstrecke. Damit sind aber die drei Definitionseigenschaften eines konvexen Körpers an $\mathfrak{L}$ nachgewiesen.

IV. Übereinstimmung mit der früheren Erklärung der Konvergenz

Zum Schluß haben wir noch zu beweisen, daß

$$\mathfrak{L} = \lim_{n \to \infty} \mathfrak{K}_n$$

ist, in dem Sinne, wie wir das in § 17, IV erklärt haben. Erstens ist dazu nötig zu zeigen, daß für beliebiges positives ε sich m so groß wählen läßt, daß

$$E(P, \mathfrak{K}_n) < \varepsilon$$

für alle Punkte P von $\mathfrak{L}$ und für alle $n > m$. Wäre das nicht richtig, so könnten wir unendlich viele Punkte $P_1, P_2, P_3, \ldots$ in $\mathfrak{L}$ und unendlich viele natürliche Zahlen $n_1, n_2, n_3, \ldots$ auffinden, so daß

$$E(P_j, \mathfrak{K}_{n_j}) \geqq \varepsilon$$

wäre. Da $\mathfrak{L}$ beschränkt und abgeschlossen ist, hätten die P_j in $\mathfrak{L}$ mindestens einen Häufungspunkt P_0 und in diesem hätten wir

$$E(P_0, \mathfrak{K}_{nj}) \geqq E(P_j, \mathfrak{K}_{nj}) - \overline{P_0 P_j},$$
$$\geqq \varepsilon - \overline{P_0 P_j}.$$

Es wäre also

$$\lim_{n \to \infty} E(P_0, \mathfrak{K}_n) \geqq \varepsilon,$$

entgegen der Voraussetzung.

An zweiter Stelle haben wir endlich noch zu zeigen: Bei beliebig vorgegebenem positivem ε läßt sich m so groß wählen, daß

$$E(P, \mathfrak{L}) < \varepsilon$$

wird, wenn P irgend ein Punkt in einem $\mathfrak{K}_n \{n > m\}$ ist. Sonst könnte man wieder unendlich viele Punkte P_j in $\mathfrak{K}_{nj} \{n_j > m\}$ finden, so daß

$$E(P_j, \mathfrak{L}) \geqq \varepsilon$$

wäre. Die P_j lägen in $\mathfrak{W}$, hätten also sicher einen Häufungspunkt P_0 und wir hätten einerseits

$$E(P_0, \mathfrak{K}_{nj}) \leqq \overline{P_0 P_j}$$

und daher

$$\lim_{n \to \infty} E(P_0, \mathfrak{K}_n) = 0.$$

Anderseits aber wäre

$$E(P_0, \mathfrak{L}) \geqq E(P_j, \mathfrak{L}) - \overline{P_0 P_j}$$

und daher

$$E(P_0, \mathfrak{L}) \geqq \varepsilon,$$

was der anderen Folgerung widerspricht. Damit ist der Beweis des Auswahlsatzes zu Ende geführt.

V. Eine zweite Fassung des Konvergenzbegriffs

Wir wollen von unserem Auswahlsatze gleich eine Anwendung machen. Konvergiert eine Folge konvexer Körper

$$\lim_{n \to \infty} \mathfrak{K}_n = \mathfrak{L}$$

und hat der Grenzkörper $\mathfrak{L}$ innere Punkte, so können wir Folgendes feststellen: Ist A ein Punkt außerhalb $\mathfrak{L}$, so liegt er auch außerhalb $\mathfrak{K}_n$ für genügend große n und jeder innere Punkt B von $\mathfrak{L}$ ist auch innerer Punkt aller $\mathfrak{K}_n$ von einem gewissen n ab. Diese Tatsachen sind aber, wie wir jetzt umgekehrt zeigen wollen, für die Konvergenz kennzeichnend:

Es sei $\mathfrak{K}_1$, $\mathfrak{K}_2$, $\mathfrak{K}_3$, ... eine Folge konvexer Körper und $\mathfrak{L}$ ein weiterer konvexer Körper, der innere Punkte besitzt. Jeder Punkt A

außerhalb $\mathfrak{L}$ *liege für genügend großes* $n > m_A$ *auch außerhalb aller* $\mathfrak{K}_n$ *und jeder Punkt B innerhalb* $\mathfrak{L}$ *liege für genügend großes* $n > m_B$ *auch innerhalb* $\mathfrak{K}_n$. *Dann konvergiert die Folge* $\mathfrak{K}_1, \mathfrak{K}_2, \mathfrak{K}_3, \ldots$ *gegen* $\mathfrak{L}$

$$\lim_{n \to \infty} \mathfrak{K}_n = \mathfrak{L}.$$

Wir behaupten also, anders ausgedrückt, daß die in der früheren Konvergenzerklärung (§ 17, IV) geforderte Gleichmäßigkeit der Annäherung eine Folge der Konvexität der $\mathfrak{K}_n$ ist.

Zunächst ist die gleichmäßige Beschränktheit der Folge $\mathfrak{K}_1, \mathfrak{K}_2, \mathfrak{K}_3, \ldots$ zu erweisen. Wir teilen den Raum wie in § 17, II in lauter Würfel von der Seitenlänge σ und wählen σ so klein, daß ein Würfel $\mathfrak{W}_2$ von der Seitenlänge 2σ, der aus acht Würfeln unseres Gitters aufgebaut ist, ganz innerhalb $\mathfrak{L}$ Platz findet. Wegen der Beschränktheit von $\mathfrak{L}$ können wir einen zweiten Würfel $\mathfrak{W}_{2k+2}$ von der Seitenlänge $(2k + 2)\sigma$ bestimmen, der $\mathfrak{L}$ im Innern enthält und mit $\mathfrak{W}_2$ bezüglich des Mittelpunktes ähnlich liegt, so daß wir auch $\mathfrak{W}_{2k+2}$ aus Würfeln unseres Gitters aufbauen können.

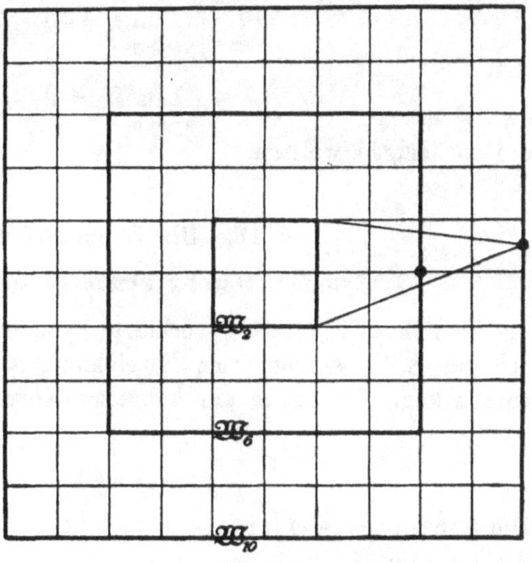

Fig. 12.

Nach Voraussetzung kann man m so groß wählen, daß für $n > m$ alle Gitterpunkte (Würfelecken) auf der Begrenzungsfläche von $\mathfrak{W}_{2k+2}$ auch außerhalb aller $\mathfrak{K}_n$ liegen und daß $\mathfrak{W}_2$ innerhalb aller dieser $\mathfrak{K}_n$ enthalten ist. Dann liegen aber diese $\mathfrak{K}_n$ sicher innerhalb des Würfels $\mathfrak{W}_{4k+2}$, der zu $\mathfrak{W}_2$ konzentrisch und ähnlich liegt und die Kantenlänge $(4k + 2)\sigma$ hat. Enthielte nämlich ein $\mathfrak{K}_n$ einen Punkt auf der Oberfläche von $\mathfrak{W}_{4k+2}$, so enthielte er auch den Kegel der Verbindungsstrecken dieses Punktes mit $\mathfrak{W}_2$ und daher einen Gitterpunkt auf der Oberfläche von $\mathfrak{W}_{2k+2}$ entgegen der Annahme (vgl. Fig. 12, wo $k = 2$). Da also für $n > m$ alle $\mathfrak{K}_n$ in $\mathfrak{W}_{4k+2}$ liegen, so ist die gleichmäßige Beschränktheit der Folge erwiesen.

Nach unserem Auswahlsatze gibt es in der gleichmäßig beschränkten Folge $\mathfrak{K}_1, \mathfrak{K}_2, \mathfrak{K}_3, \ldots$ eine konvergente Teilfolge $\mathfrak{K}_{n1}, \mathfrak{K}_{n2}, \mathfrak{K}_{n3}, \ldots \{n_1 < n_2 < n_3, \ldots\}$, und zwar sei

$$\operatorname*{Lim}_{j \to \infty} \mathfrak{K}_{n_j} = \mathfrak{L}^*.$$

Von einem gewissen n_j ab liegt jeder innere Punkt des Grenzkörpers $\mathfrak{L}^*$ im Innern aller $\mathfrak{K}_{n_j}$, kann also nicht äußerer Punkt zu $\mathfrak{L}$ sein, und ebenso liegt für genug großes n_j jeder äußere Punkt des Grenzkörpers $\mathfrak{L}^*$ außerhalb der $\mathfrak{K}_{n_j}$, also nicht innerhalb $\mathfrak{L}$. Deshalb haben wir einerseits $\mathfrak{L}^* \leqq \mathfrak{L}$ und anderseits $\mathfrak{L}^* \geqq \mathfrak{L}$, also $\mathfrak{L}^* = \mathfrak{L}$.

Betrachten wir nun die Folge der Nachbarschaftsmaße (S. 60)

$$\nu_n = N(\mathfrak{K}_n, \mathfrak{L}).$$

Nach dem Bewiesenen enthält jede Teilfolge der beschränkten Zahlenfolge $\nu_1, \nu_2, \nu_3, \ldots$ Unterteilfolgen, die nach Null konvergieren. Daraus folgt aber für die ganze Folge

$$\operatorname*{Lim}_{n \to \infty} \nu_n = 0$$

oder

$$\operatorname*{Lim}_{n \to \infty} \mathfrak{K}_n = \mathfrak{L},$$

wie wir zeigen wollten.

§ 19. Die Symmetrisierung

I. Symmetrisierung konvergenter Körperfolgen

Die in § 15, II, S. 44 erklärte Symmetrisierung können wir mit der auf S. 51 eingeführten Bezeichnungsweise bequem in Formeln ausdrücken. Es sei $\mathfrak{K}$ ein konvexer Körper mit dem Grundriß $\mathfrak{G}$:

$$\mathfrak{K} \begin{cases} x, y \text{ in } \mathfrak{G}, \\ g(x, y) \leqq z \leqq f(x, y). \end{cases}$$

Die Funktionen $+f$ und $-g$ sind konvex in $\mathfrak{G}$ und daher ist auch die Funktion

$$\tfrac{1}{2}(f - g)$$

in $\mathfrak{G}$ konvex nach der Bemerkung von S. 49 und somit ist durch die Bedingungen

$$\tilde{\mathfrak{K}} \begin{cases} x, y \text{ in } \mathfrak{G}, \\ \tfrac{1}{2}\{g(x, y) - f(x, y)\} \leqq z \leqq \tfrac{1}{2}\{f(x, y) - g(x, y)\} \end{cases}$$

wieder ein konvexer Körper erklärt. Da $\tilde{\mathfrak{K}}$ von jeder Lotrechten in einer gleichlangen Strecke getroffen wird wie $\mathfrak{K}$ und da $\tilde{\mathfrak{K}}$ zur Grundebene $z = 0$ symmetrisch ist, so geht $\bar{\mathfrak{K}}$ aus $\mathfrak{K}$ durch die Symmetrisierung STEINERS an der Grundebene hervor.

Damit ist die erste Eigenschaft dieser Konstruktion als richtig erkannt, nämlich einen konvexen Körper wieder in einen konvexen Körper zu verwandeln.

Um nun weiter die behaupteten Beziehungen

$$J = \bar{J}, \quad O \geqq \bar{O}$$

zwischen den Rauminhalten und Oberflächen der beiden Körper $\mathfrak{K}$ und $\bar{\mathfrak{K}}$ einzusehen, beweisen wir zunächst folgenden

Hilfssatz: *Es sei $\mathfrak{K}_1, \mathfrak{K}_2, \mathfrak{K}_3, \ldots$ eine konvergente Folge konvexer Körper mit dem Grenzkörper $\mathfrak{L}$*

$$\lim_{n \to \infty} \mathfrak{K}_n = \mathfrak{L}.$$

Wir symmetrisieren alle Körper der Folge an derselben Grundebene. Die so entstandenen Körper $\bar{\mathfrak{K}}_1, \bar{\mathfrak{K}}_2, \bar{\mathfrak{K}}_3, \ldots$ bilden wieder eine konvergente Folge und ihr Grenzkörper

$$\lim_{n \to \infty} \bar{\mathfrak{K}}_n = \bar{\mathfrak{L}}$$

geht ebenfalls durch Symmetrisierung an derselben Grundebene aus $\mathfrak{L}$ hervor.

Kürzer:

Symmetrisierung und Grenzübergang sind vertauschbar.

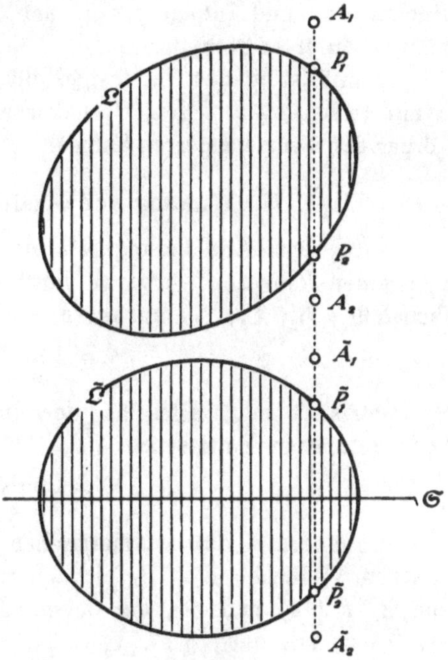

Fig. 13.

Wir wollen uns beim Beweise auf den „allgemeinen" Fall beschränken, daß $\mathfrak{L}$ innere Punkte hat und können dann die in diesem Fall kennzeichnenden Eigenschaften der Konvergenz, die wir in § 18, V festgestellt haben, verwenden.

Es sei $\bar{A}_1$ ein Punkt außerhalb des Körpers $\bar{\mathfrak{L}}$, der aus $\mathfrak{L}$ durch Symmetrisierung an unserer Grundebene $\mathfrak{S}$ hervorgeht, und $\bar{A}_2$ der Spiegelpunkt von $\bar{A}_1$ an $\mathfrak{S}$ (Fig. 13). Die Verbindungsstrecke der beiden Punkte möge $\bar{\mathfrak{L}}$ in der Strecke $\bar{P}_1 \bar{P}_2$ durchsetzen. Wir verschieben nun die vier Punkte $\bar{A}_1 \bar{P}_1 \bar{P}_2 \bar{A}_2$ auf ihrer Geraden bei festgehaltenen

Abständen, bis das Mittelstück nach $P_1 P_2$ auf $\mathfrak{L}$ zu liegen kommt. Dadurch kommen $\tilde{A}_1$ und $\tilde{A}_2$ nach A_1 und A_2. A_1, A_2 sind äußere Punkte von $\mathfrak{L}$, liegen also für $n > m_A$ gleichzeitig außerhalb aller $\mathfrak{K}_n$. Daraus folgt, daß für dieselben n $\tilde{A}_1$ sich außerhalb aller $\tilde{\mathfrak{K}}_n$ befindet.

Noch einfacher ist dieses Verhalten festzustellen, wenn der äußere Punkt $\tilde{A}$ zu $\tilde{\mathfrak{L}}$ so liegt, daß die Senkrechte durch $\tilde{A}$ zu $\mathfrak{S}$ den Körper $\tilde{\mathfrak{L}}$ nicht trifft. Dann brauchen wir nur n so groß zu wählen, daß auch $\mathfrak{K}_n$ diese Gerade nicht trifft, um dasselbe für $\tilde{\mathfrak{K}}_n$ zu erreichen.

Liegt schließlich $\tilde{B}_1$ innerhalb $\tilde{\mathfrak{L}}$, so suchen wir wieder den Spiegelpunkt $\tilde{B}_2$ an $\mathfrak{S}$ auf und den Durchschnitt $\tilde{P}_1 \tilde{P}_2$ der Verbindungsgeraden mit $\tilde{\mathfrak{L}}$. Durch die Zurückverschiebung auf der Lotrechten nach $P_1 P_2$ auf $\mathfrak{L}$ fallen $\tilde{B}_1 \tilde{B}_2$ nach den inneren Punkten $B_1 B_2$ von $\mathfrak{L}$. Wir brauchen dann nur $n > m_B$ zu wählen, um zu erreichen, daß für alle entsprechenden $\mathfrak{K}_n$ die $B_1 B_2$ innere Punkte sind und infolgedessen auch $\tilde{B}_1 \tilde{B}_2$ innere Punkte der symmetrischen $\tilde{\mathfrak{K}}_n \{n > m_B\}$.

Damit ist in der Tat festgestellt, daß der Körper $\tilde{\mathfrak{L}}$, der durch Symmetrisierung aus dem Grenzkörper $\mathfrak{L}$ entsteht, auch als Grenzkörper der symmetrisierten Folge $\tilde{\mathfrak{K}}_1, \tilde{\mathfrak{K}}_2, \tilde{\mathfrak{K}}_3, \ldots$ erhalten werden kann.

II. Wirkung auf Inhalt und Oberfläche

Nach dem Annäherungssatz Minkowskis (S. 56 und 60) kann man einen konvexen Körper $\mathfrak{K}$ durch eine Folge von konvexen Vielfachen $\mathfrak{V}_1, \mathfrak{V}_2, \mathfrak{V}_3, \ldots$ annähern

$$\mathfrak{K} = \operatorname*{Lim}_{n \to \infty} \mathfrak{V}_n .$$

Symmetrisiert man Alles an derselben Ebene $\mathfrak{S}$, so erhält man nach dem eben Bewiesenen

$$\tilde{\mathfrak{K}} = \operatorname*{Lim}_{n \to \infty} \tilde{\mathfrak{V}}_n ,$$

eine Annäherung des symmetrischen Körpers $\tilde{\mathfrak{K}}$ durch die symmetrischen Vielflache $\tilde{\mathfrak{V}}_n$. Bezeichnen wir Rauminhalt und Oberfläche von $\mathfrak{V}_n$ mit J_n und O_n, die entsprechenden Maßzahlen für $\tilde{\mathfrak{V}}_n$ mit $\tilde{J}_n$, $\tilde{O}_n$, so gilt nach § 17, V, S. 61

$$J_{\mathfrak{K}} = \operatorname*{Lim}_{n \to \infty} J_n , \qquad O_{\mathfrak{K}} = \operatorname*{Lim}_{n \to \infty} O_n ;$$

$$\tilde{J}_{\mathfrak{K}} = \operatorname*{Lim}_{n \to \infty} \tilde{J}_n , \qquad \tilde{O}_{\mathfrak{K}} = \operatorname*{Lim}_{n \to \infty} \tilde{O}_n .$$

Wollen wir daher die Beziehungen

$$J_{\mathfrak{K}} = \tilde{J}_{\mathfrak{K}} , \qquad O_{\mathfrak{K}} \geqq O_{\mathfrak{K}}$$

nachweisen, so brauchen wir bloß die entsprechenden Beziehungen

(1) $$J_n = \bar{J}_n, \quad O_n \geqq \bar{O}_n$$

an den konvexen Vielflachen $\mathfrak{V}_n$, $\bar{\mathfrak{V}}_n$ zu bestätigen und das ist eine ganz elementare Aufgabe.

Wir wollen uns damit nicht aufhalten[1], sondern gleich zu der von Steiner nicht erledigten Beweisführung übergehen, daß stets

(2) $$O_{\mathfrak{K}} > \bar{O}_{\mathfrak{K}}$$

ist, wenn $\mathfrak{K}$ keine zu $\mathfrak{S}$ parallele Symmetrieebene besitzt, was aus der entsprechenden Tatsache für Vielflache nicht ohne Weiteres durch Grenzübergang geschlossen werden kann.

Ganz analog wie bei der Symmetrisierung eines konvexen Körpers $\mathfrak{K} \rightarrow \bar{\mathfrak{K}}$ zur Einsicht

$$J_{\mathfrak{K}} = \bar{J}_{\mathfrak{K}}$$

kommt man bei der Symmetrisierung eines in einer vertikalen Ebene (z. B. $y = 0$) gelegenen konvexen Bereiches $\mathfrak{B} \rightarrow \bar{\mathfrak{B}}$ (vgl. die Fig. 13) zur entsprechenden Gleichheit der Flächeninhalte

(3) $$F_{\mathfrak{B}} = \bar{F}_{\mathfrak{B}}.$$

Das ebene Analogon zur räumlichen Beziehung

$$O_{\mathfrak{K}} \geqq \bar{O}_{\mathfrak{K}}$$

ist die Ungleichheit zwischen den Umfängen von $\mathfrak{B}$ und $\bar{\mathfrak{B}}$

(4) $$L_{\mathfrak{B}} \geqq \bar{L}_{\mathfrak{B}}.$$

Man braucht, um zu diesen Ergebnissen (3) und (4) zu kommen nur alle unsere räumlichen Betrachtungen auf den einfacheren Fall der ebenen Geometrie zu übertragen.

III. Symmetrisierung der Näherungsvielflache

Es sei $\mathfrak{K}$ ein konvexer Körper mit inneren Punkten. Wir können $\mathfrak{K}$ durch eine Folge von Vielflachen $\mathfrak{V}_1, \mathfrak{V}_2, \mathfrak{V}_3, \ldots$ annähern

$$\lim_{n \rightarrow \infty} \mathfrak{V}_n = \mathfrak{K}$$

und wollen dabei die Vielflache etwa ineinander schachteln:

$$\mathfrak{V}_1 > \mathfrak{V}_2 > \mathfrak{V}_3 > \ldots > \mathfrak{K}.$$

Dann sind auch die zugehörigen Grundrisse auf $z = 0$ in derselben gegenseitigen Anordnung:

$$\mathfrak{G}_1 \geqq \mathfrak{G}_2 \geqq \mathfrak{G}_3 \geqq \ldots \geqq \mathfrak{G}.$$

[1] Die erste der Beziehungen ist trivial und die zweite wird später noch verschärft nachgewiesen.

Innerhalb $\mathfrak{G}$ wählen wir ein Rechteck $\mathfrak{R}$

$$\xi_1 \leqq x \leqq \xi_2, \quad \eta_1 \leqq y \leqq \eta_2, \quad z = 0,$$

so daß das allseitig um $\varrho (> 0)$ breitere Rechteck auch noch in $\mathfrak{G}$ liegt. Die vier Ebenen $x = \xi_1, \xi_2$; $y = \eta_1, \eta_2$ zerschneiden $\mathfrak{B}_n$ in neun konvexe Teilvielflache $\mathfrak{B}_n^k$ $\{k = 0, 1, 2, \ldots 8\}$, von denen $\mathfrak{B}_n^0$ den Grundriß $\mathfrak{R}$ haben möge. Zwischen den Oberflächen besteht die Beziehung (vgl. S. 56 Eigenschaft 3)

$$O_{\mathfrak{B}_n} = \sum_0^8 O_{\mathfrak{B}_n^k} - 2 \sum_1^4 F_{\mathfrak{B}^l},$$

wenn $\mathfrak{B}^l$ $\{l = 1, 2, 3, 4\}$ die vier konvexen Bereiche (Vielecke) sind, die von den Ebenen aus $\mathfrak{B}_n$ ausgeschnitten werden.

Symmetrisieren wir nun die ganze Figur an der Grundebene $z = 0$, so ist nach dem Vorigen (§ 19, II)

$$O_{\mathfrak{B}_n^k} \geqq \tilde{O}_{\mathfrak{B}_n^k}, \quad F_{\mathfrak{B}^l} = \tilde{F}_{\mathfrak{B}^l}$$

und daher

$$O_{\mathfrak{B}_n} - \tilde{O}_{\mathfrak{B}_n} \geqq O_{\mathfrak{B}_n^0} - \tilde{O}_{\mathfrak{B}_n^0}.$$

Wir brauchen also bloß die Vielflache $\mathfrak{B}_n^0$ und $\tilde{\mathfrak{B}}_n^0$ zu betrachten, die $\mathfrak{R}$ zum Grundriß haben.

Sämtliche Kanten von $\mathfrak{B}_n^0$ ergeben, auf $z = 0$ senkrecht projiziert, als Grundriß ein Netz geradliniger Strecken, durch das $\mathfrak{R}$ in endlich viele konvexe Bereiche (Vielecke) zerschnitten wird, von denen wir einen Vertreter mit $\Delta\mathfrak{R}$ und seinen Flächeninhalt mit ΔF bezeichnen wollen. In ganz dasselbe Netz projizieren sich die Kanten von $\tilde{\mathfrak{B}}_n^0$.

Es seien

$$(5) \qquad \begin{cases} z = +p_1 x + q_1 y + r_1, \\ z = -p_2 x - q_2 y - r_2 \end{cases}$$

die Gleichungen der Seitenflächen von $\mathfrak{B}_n$ über dem Grundriß $\Delta\mathfrak{R}$, dann sind die Gleichungen der entsprechenden Seitenflächen von $\tilde{\mathfrak{B}}_n$

$$(6) \qquad 2z = \pm \{(p_1 + p_2)x + (q_1 + q_2)y + (r_1 + r_2)\}.$$

Die Flächeninhalte dieser Oberflächenteile sind dann

$$\sqrt{1 + p_1^2 + q_1^2} \cdot \Delta F, \quad \sqrt{1 + p_2^2 + q_2^2} \cdot \Delta F,$$
$$\sqrt{1 + \left(\frac{p_1 + p_2}{2}\right)^2 + \left(\frac{q_1 + q_2}{2}\right)^2} \cdot \Delta F$$

und so findet sich

$$(7) \qquad O_{\mathfrak{B}_n^0} - \tilde{O}_{\mathfrak{B}_n^0} =$$
$$\sum \left[\sqrt{1 + p_1^2 + q_1^2} - 2\sqrt{1 + \left(\frac{p_1 + p_2}{2}\right)^2 + \left(\frac{q_1 + q_2}{2}\right)^2} + \sqrt{1 + p_2^2 + q_2^2}\right] \cdot \Delta F,$$

da die Flächeninhalte der Bereiche in den vertikalen Ebenen $x = \xi_1, \xi_2;\ y = \eta_1, \eta_2$ sich wegheben. Die Summe ist über alle konvexen Teilbereiche von $\mathfrak{R}$ zu erstrecken.

Wir finden also schließlich

(8) $$O_{\mathfrak{B}_n} - \tilde{O}_{\mathfrak{B}_n} \geqq \Sigma\, \Omega \cdot \Delta F,$$

wenn wir mit Ω zur Abkürzung den früheren Ausdruck (7) in der eckigen Klammer bezeichnen, der von der Stellung der Seitenflächen von $\mathfrak{B}_n$ abhängt. Diesen Ausdruck wollen wir jetzt abschätzen.

IV. Anwendung eines Mittelwertsatzes von Hölder

Es sei $F(h)$ eine Funktion, die auf der Strecke $-1 \leqq h \leqq +1$ stetig ist und erste und zweite Ableitungen besitzt. Dann ist nach O. Hölder.[1]

(9) $$F(+1) - 2F(0) + F(-1) = F''(h),$$

wobei

$$|h| < 1$$

ist. Bildet man nämlich die quadratische Hilfsfunktion

$$G(h) = F(0) + \frac{h}{2}\{F(+1) - F(-1)\} + \frac{h^2}{2}\{F(+1) - 2F(0) + F(-1)\},$$

so ist

$$F(h) - G(h) = 0 \quad \text{für} \quad h = -1, 0, +1.$$

Nach dem Satz von Rolle (Mittelwertsatz der Differentialrechnung) verschwindet daher die Ableitung

$$F'(h) - G'(h)$$

sicher einmal auf der Strecke $-1 < h < 0$ und einmal auf der Strecke $0 < h < +1$. Eine nochmalige Anwendung des Satzes von Rolle ergibt daher eine Nullstelle h auf der Strecke $-1, +1$ für die zweite Ableitung

$$F'' - G'' = F''(h) - \{F(+1) - 2F(0) + F(-1)\},$$

w. z. b. w.

Wenden wir nun diesen Mittelwertsatz von Hölder an auf die Funktion

$$F(h) = \sqrt{1 + \left(\frac{p_1 + p_2}{2} + h\frac{p_1 - p_2}{2}\right)^2 + \left(\frac{q_1 + q_2}{2} + h\frac{q_1 - q_2}{2}\right)^2},$$

so finden wir für den im vorigen Abschnitt in (8) mit Ω bezeichneten Ausdruck

$$\Omega = F''(h).$$

[1] Zur Theorie der trigonometrischen Reihen, Mathem. Annalen **24** (1884), S. 183.

Dabei ist

$$F''(h) = \frac{(p_1 - p_2)^2 + 2(p_1 q_2 - p_2 q_1)^2 + (q_1 - q_2)^2}{4\, F(h)^3}.$$

Hat man nun

$$(10) \qquad |p_1| \leqq \sigma, \quad |p_2| \leqq \sigma, \quad |q_1| \leqq \sigma, \quad |q_2| \leqq \sigma,$$

so ergibt sich schließlich die Abschätzung

$$(11) \qquad \Omega \geqq \frac{(p_1 - p_2)^2 + (q_1 - q_2)^2}{4(1 + 2\sigma^2)^{3/2}}.$$

V. Einführung der gefundenen Abschätzung

Um die gefundene Abschätzung (11) in unserem Fall verwerten zu können, wollen wir für die $|p|$ und $|q|$ eine Schranke σ ermitteln, die von n unabhängig ist.

Die Folge der Vielflache $\mathfrak{B}_1 > \mathfrak{B}_2 > \mathfrak{B}_3 \ldots$, mit denen wir $\mathfrak{K}$ angenähert hatten, ist von selbst gleichmäßig beschränkt, da alle $\mathfrak{B}_n$ in $\mathfrak{B}_1$ enthalten sind. Wir wollen $\mathfrak{B}_1$ und damit alle $\mathfrak{B}_n$ zwischen zwei wagerechte Ebenen

$$z = \pm \zeta$$

einschließen. Die konvexen Funktionen $\varphi_n(x, y)$ und $-\gamma_n(x, y)$, die $\mathfrak{B}_n$ definieren

$$\mathfrak{B}_n \begin{cases} x, y \text{ in } \mathfrak{G}_n, \\ \gamma_n(x, y) \leqq z \leqq \varphi_n(x, y) \end{cases}$$

liegen dann unter der Schranke ζ

$$|\gamma_n(x, y)| \leqq \zeta, \qquad |\varphi_n(x, y)| \leqq \zeta.$$

Nach Voraussetzung enthalten alle Definitionsbereiche $\mathfrak{G}_n$ der konvexen Funktionen φ_n, $-\gamma_n$ das Rechteck $\mathfrak{R}$

$$\xi_1 \leqq x \leqq \xi_2, \qquad \eta_1 \leqq y \leqq \eta_2$$

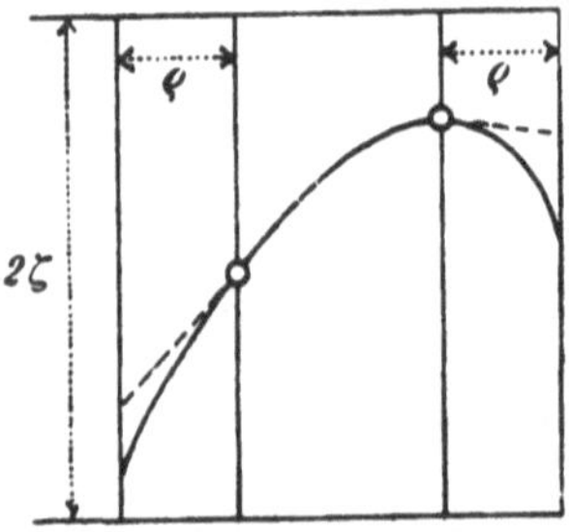

Fig. 14.

und darüber hinaus noch das größere Rechteck

$$\xi_1 - \varrho \leqq x \leqq \xi_2 + \varrho,$$
$$\eta_1 - \varrho \leqq y \leqq \eta_2 + \varrho.$$

Die Funktion $\varphi_n(x, y)$ ist bei festgehaltenem y innerhalb $\mathfrak{R}$ eine konvexe Funktion in x und daher ist (vgl. S. 52)

$$\frac{\partial \varphi_n(\xi_1, y)}{\partial x} \geqq \frac{\partial \varphi_n(x, y)}{\partial x} \geqq \frac{\partial \varphi_n(\xi_2, y)}{\partial x},$$

wenn wir unter den Differentialquotienten etwa die vorhin benutzten verallgemeinerten Ableitungen verstehen. Weiter ist nach Formel (8) S. 52 (man sehe auch Figur 14)

$$\frac{\varphi_n(\xi_1, y) - \varphi_n(\xi_1 - \varrho, y)}{\varrho} \geqq \frac{\partial \varphi_n(\xi_1, y)}{\partial x},$$

$$\frac{\varphi_n(\xi_2 + \varrho, y) - \varphi_n(\xi_2, y)}{\varrho} \leqq \frac{\partial \varphi_n(\xi_2, y)}{\partial x}.$$

Danach ergibt sich schließlich

$$\left| \frac{\partial \varphi_n(x, y)}{\partial x} \right| \leqq \frac{2\zeta}{\varrho}$$

und dieselbe Abschätzung gilt geradeso für die Ableitung nach y. Dieselben Ungleichheiten gelten übrigens auch für die Ableitungen der Funktionen $f(x, y)$ und $g(x, y)$, die zu $\mathfrak{R}$ gehören.

In unserem Falle sind diese konvexen Funktionen φ_n streckenweis linear und ihre Ableitungen sind innerhalb dieser Strecken die p_1 und q_1. Wir finden also

(12) $$|p_1| \leqq \frac{2\zeta}{\varrho}, \quad |q_1| \leqq \frac{2\zeta}{\varrho}$$

und genau ebenso

(12) $$|p_2| \leqq \frac{2\zeta}{\varrho}, \quad |q_2| \leqq \frac{2\zeta}{\varrho},$$

können also

(13) $$\sigma = \frac{2\zeta}{\varrho}$$

setzen und diesen Wert in die Abschätzung für Ω eintragen.

Die Formel (8) von S. 73 nimmt damit die Form an

$$O_{\mathfrak{B}n} - \tilde{O}_{\mathfrak{B}n} \geqq \frac{\sum\{(p_1 - p_2)^2 + (q_1 - q_2)^2\} \cdot \Delta F}{4\left\{1 + 2\left(\frac{2\zeta}{\varrho}\right)^2\right\}^{3/2}}.$$

VI. Die Ungleichheit von H. A. Schwarz

Für das Folgende ist es bequem, die gefundene Abschätzung formal ein wenig anders zu schreiben, indem wir an Stelle des Summenzeichens ein Doppelintegral setzen:

(14) $$O_{\mathfrak{B}n} - O_{\mathfrak{B}n} \geqq C \iint_{\mathfrak{R}} \{(p_1 - p_2)^2 + (q_1 - q_2)^2\}\, dx\, dy,$$

wobei

(15) $$\frac{1}{C} = 4\left\{1 + 2\left(\frac{2\zeta}{\varrho}\right)^2\right\}^{3/2}$$

und

(16) $$\begin{cases} p_1 = + \dfrac{\partial \varphi_n}{\partial x}, & q_1 = + \dfrac{\partial \varphi_n}{\partial y}, \\ p_2 = - \dfrac{\partial \gamma_n}{\partial x}, & q_2 = - \dfrac{\partial \gamma_n}{\partial y} \end{cases}$$

ist.

Da der Integrand positiv ist, wird die Formel (14) um so mehr gelten, wenn wir die Integration nur über ein kleineres in $\mathfrak{R}$ enthaltenes Rechteck

$$\xi \leqq x \leqq \xi', \qquad \eta \leqq y \leqq \eta'$$

erstrecken.

Nun gilt für zwei Funktionen $A(t)$ und $B(t)$ die *Ungleichheit von A. H. Schwarz.*

$$(17) \qquad \left\{\int_a^b A(t)\,B(t)\,dt\right\}^2 \leqq \int_a^b A(t)^2\,dt \cdot \int_a^b B(t)^2\,dt.$$

Das kann man so einsehen: Das quadratische Polynom in λ

$$\int_a^b \{A(t) + \lambda B(t)\}^2\,dt = \int_a^b A(t)^2\,dt + 2\lambda \int_a^b A(t)B(t)\,dt + \lambda^2 \int_a^b B(t)^2\,dt$$

ist für alle Werte von λ sicher $\geqq 0$. Es kann also gleich Null gesetzt für λ nicht reelle und getrennte Nullstellen ergeben, denn sonst gäbe es auch negative Werte des Polynoms. Das ergibt aber zwischen den Koeffizienten des Ausdrucks gerade die angegebene Ungleichheit von Schwarz.

Setzen wir nun zuerst

$$A(x) = \frac{\partial(\varphi_n + \gamma_n)}{\partial x}, \qquad B(x) = 1$$

und dann

$$A(y) = [\varphi_n + \gamma_n]_{x=\xi}^{x=\xi'}, \qquad B(y) = 1,$$

so ergibt sich nach entsprechender Behandlung des zweiten Gliedes von (14) durch viermalige Anwendung unserer Ungleichheit

$$(18) \quad O_{\mathfrak{B}_n} - O_{\bar{\mathfrak{B}}_n} \geqq \frac{C}{(\xi' - \xi)(\eta' - \eta)} \left\{ \left\{ \int_\eta^{\eta'} [\varphi_n + \gamma_n]_{x=\xi}^{x=\xi'} \cdot dy \right\}^2 + \left\{ \int_\xi^{\xi'} [\varphi_n + \gamma_n]_{y=\eta}^{y=\eta'} \cdot dx \right\}^2 \right\}.$$

Diese Formel hat den Vorteil, keine Ableitungen mehr zu enthalten.

VII. Verkleinerung der Oberfläche

Jetzt wollen wir mit (18) zur Grenze $n \to \infty$ übergehen. Dazu bemerken wir, daß die Funktionen φ_n und γ_n, die die Begrenzung von $\mathfrak{B}_n$ ergeben, für $n \to \infty$ in $\mathfrak{R}$ *gleichmäßig* gegen die Funktionen f und g konvergieren, die zur Begrenzung von $\mathfrak{K} = \operatorname{Lim} \mathfrak{B}_n$ gehören.

Es sei nämlich τ der Winkel einer Stützebene an die Fläche $z = f(x, y)$ zu einem Punkte über $\mathfrak{R}$ gegen die Grundebene $z = 0$.

Dann folgt aus den zu (12) analogen Formeln für f

$$\left|\frac{\partial f}{\partial x}\right| \leqq \frac{2\zeta}{\varrho}, \qquad \left|\frac{\partial f}{\partial y}\right| \leqq \frac{2\zeta}{\varrho} \text{ in } \mathfrak{R},$$

daß

$$\frac{1}{\cos\tau} \leqq \sqrt{1 + 2\left(\frac{2\zeta}{\varrho}\right)^2}$$

ist. Es sei ferner ν_n das Nachbarschaftsmaß (S. 60)

$$\nu_n = N(\mathfrak{B}_n, \mathfrak{R}).$$

Dann liegt die zur Stützebene im Abstand ν_n parallel darüberliegende Ebene über $\mathfrak{B}_n$, also über $z = \varphi_n(x, y)$ und daher ist (vgl. die Fig. 15)

$$(19) \qquad 0 \leqq \varphi_n(x, y) - f(x, y) \leqq \frac{\nu_n}{\cos\tau} \leqq \nu_n \sqrt{1 + 2\left(\frac{2\zeta}{\varrho}\right)^2}.$$

Darin ist aber wegen

$$\lim_{n \to \infty} \nu_n = 0$$

die behauptete gleichmäßige Konvergenz von $\varphi_n \to f$ enthalten und genau ebenso ergibt sich die gleichmäßige Konvergenz $\gamma_n \to g$.

Üben wir nun auf die letzte Form (18) unserer Abschätzung des Oberflächenunterschiedes den Grenzübergang $n \to \infty$ aus, so finden wir

$$(19) \qquad O_{\mathfrak{R}} - O_{\mathfrak{R}} \geqq \frac{C}{(\xi' - \xi)(\eta' - \eta)} \left\{ \left\{ \int_{\eta}^{\eta'} [f + g]_{x=\xi}^{x=\xi'} \cdot dy \right\}^2 + \left\{ \int_{\xi}^{\xi'} [f + g]_{y=\eta}^{y=\eta'} \cdot dx \right\}^2 \right\}.$$

Darin bedeuten $\xi, \eta; \xi', \eta'$ zwei beliebige Punkte in $\mathfrak{R}$ und die Konstante C (vgl. (15)) ist $\neq 0$. Daraus folgt aber, daß $O_{\mathfrak{R}}$ nur dann $= \bar{O}_{\mathfrak{R}}$ sein kann, wenn in $\mathfrak{R}$

$$(20) \qquad f + g = \text{konst.}$$

ist. Gäbe es nämlich zwei Stellen $\xi, y; \xi', y$, für die etwa

$$(21) \quad f(\xi, y) + g(\xi, y) < f(\xi', y) + g(\xi', y)$$

wäre, so könnte man wegen der Stetigkeit der konvexen Funktionen f und g eine so kleine Strecke $\eta \leqq y \leqq \eta'$ abgrenzen, daß für alle diese Werte von y die Ungleichheit (21) gültig bliebe. Dann hätte man aber

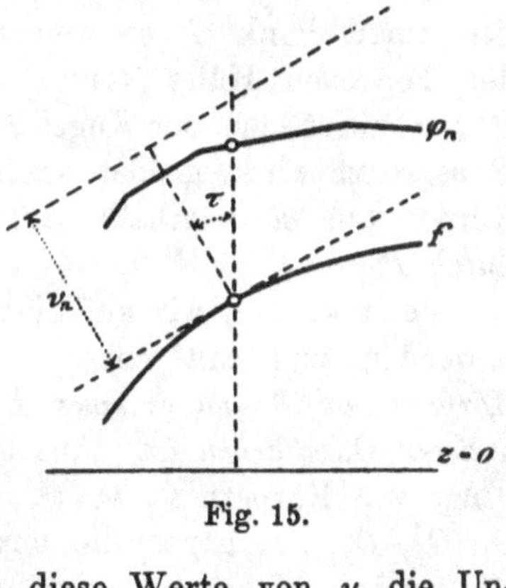

Fig. 15.

$$\int_{\eta}^{\eta'} [f + g]_{x=\xi}^{x=\xi'} \cdot dy > 0$$

und wegen (19) daher $O_{\mathfrak{K}} > \bar{O}_{\mathfrak{K}}$. Die Funktion $f + g$ muß also zunächst bei festem y konstant sein. Genau ebenso zeigt sich aber ihre Konstanz bei festem x und damit die Konstanz in ganz $\mathfrak{R}$.

Wir finden somit, daß $O_{\mathfrak{K}}$ nur dann $= \bar{O}_{\mathfrak{K}}$ sein kann, wenn $f + g$ in jedem Rechteck $\mathfrak{R}$ innerhalb des Grundrisses $\mathfrak{G}$ von $\mathfrak{K}$ konstant ist, d. h. wenn $f + g$ konstant ist im ganzen Innern von $\mathfrak{G}$. Dann hat aber $\mathfrak{K}$ eine zu $z = 0$ parallele Symmetrieebene. Jetzt ist die dritte wichtigste Eigenschaft der Symmetrisierung und in ihr der heikelste Punkt der ganzen Beweisführung erledigt:

Es ist stets

$$O_{\mathfrak{K}} \geqq O_{\hat{\mathfrak{K}}}$$

und das Gleichheitszeichen gilt nur in dem trivialen Ausnahmefall, daß schon $\mathfrak{K}$ eine „wagerechte" Symmetrieebene besitzt.

VIII. Die isoperimetrische Eigenschaft der Kugel

Jetzt sind wir glücklich am Ziele angekommen, die Extremumeigenschaft der Kugel fällt uns zu wie eine reife Frucht: Es sei $\mathfrak{K}$ ein beliebiger konvexer Körper mit inneren Punkten; wir wollen zeigen, daß die inhaltsgleiche Kugel kleinere Oberfläche besitzt als $\mathfrak{K}$.

Wir nehmen in $\mathfrak{K}$ eine Kugel $\mathfrak{S}$ an und betrachten die Menge $\mathfrak{M}$ aller zu $\mathfrak{K}$ inhaltsgleichen konvexen Körper, die diese Kugel $\mathfrak{S}$ enthalten.

Diese Menge $\mathfrak{M}$ ist gleichmäßig beschränkt. Nehmen wir nämlich einen Punkt P so weit von $\mathfrak{S}$ entfernt an, daß der Inhalt der konvexen Hülle von P und $\mathfrak{S}$, die von einem Stück der Begrenzungsfläche der Kugel $\mathfrak{S}$ und einem Drehkegel mit der Spitze P begrenzt wird, größer ausfällt als der von $\mathfrak{K}$, dann liegen alle Körper von $\mathfrak{M}$ innerhalb der zu $\mathfrak{S}$ konzentrischen Kugelfläche $\mathfrak{S}_P$ durch P.

Jetzt können wir auf die Menge $\mathfrak{M}$ unseren Auswahlsatz (S. 62) anwenden und mit seiner Hilfe beweisen: *Unter allen konvexen Körpern von $\mathfrak{M}$ gibt es einen Körper $\mathfrak{L}$, dessen Oberfläche $\leqq$ der aller anderen Oberflächen ist.* Aus der Menge $\mathfrak{M}$ kann man nämlich eine Folge von Körpern $\mathfrak{K}_1, \mathfrak{K}_2, \mathfrak{K}_3, \ldots$ herausnehmen, deren Oberflächen $O_1, O_2, O_3, \ldots$ gegen die untere Grenze O_0 der Oberflächen aller Körper von $\mathfrak{M}$ konvergieren. Aus dieser Folge $\mathfrak{K}_1, \mathfrak{K}_2, \mathfrak{K}_3, \ldots$ kann man, da sie gleichmäßig beschränkt ist, eine konvergente Teilfolge $\mathfrak{K}_{n_1}, \mathfrak{K}_{n_2}, \mathfrak{K}_{n_3}, \ldots$ ausscheiden. Es sei

$$\lim_{j \to \infty} \mathfrak{K}_{n_j} = \mathfrak{L}.$$

Wegen der Stetigkeit der Funktionale $O_{\mathfrak{K}}$ und $J_{\mathfrak{K}}$ (S. 61) ist der Rauminhalt von $\mathfrak{L}$ gleich dem Grenzwert der Inhalte der $\mathfrak{K}_{n_j}$, d. h. d. h. gleich dem Inhalt J von $\mathfrak{K}$, und

$$O_{\mathfrak{L}} = \operatorname{Lim} O_{n_j} = O_0 .$$

Auch folgt aus $\mathfrak{K}_n \geqq \mathfrak{S}$ die Beziehung $\mathfrak{L} \geqq \mathfrak{S}$, d. h. $\mathfrak{L}$ gehört zu $\mathfrak{M}$.

Jetzt hilft uns STEINERs Symmetrisierung zur Erkenntnis: $\mathfrak{L}$ *ist eine Kugel.* Wäre nämlich $\mathfrak{L}$ keine Kugel, so könnten wir eine Ebene durch den Mittelpunkt von $\mathfrak{S}$ derart legen, daß $\mathfrak{L}$ dazu keine parallele Symmetrieebene hat (vgl. S. 44). Die Symmetrisierung an dieser Ebene führt $\mathfrak{S}$ in sich selbst über und würde daher $\mathfrak{L}$ in einen inhaltsgleichen konvexen Körper $\tilde{\mathfrak{L}}$ verwandeln, der wieder $\mathfrak{S}$ enthielte, der also $\mathfrak{M}$ angehörte und *kleinere* Oberfläche hätte als $\mathfrak{L}$, was ausgeschlossen ist.

Fassen wir das Bisherige zusammen, so sehen wir: *Eine zu* $\mathfrak{K}$ *inhaltsgleiche Kugel hat nicht größere Oberfläche als* $\mathfrak{K}$.

Oder in einer Formel: Zwischen Inhalt und Oberfläche von $\mathfrak{K}$ besteht die Beziehung:

$$O^3 - 36\pi J^2 \geqq 0 .$$

Ist aber $\mathfrak{K}$ keine Kugel, so kann nur das Größerzeichen gelten. Denn durch Symmetrisierung geht in diesem Falle aus $\mathfrak{K}$ ein neuer Körper $\tilde{\mathfrak{K}}$ hervor und für den gilt

$$J = \tilde{J} \quad \text{und} \quad O > \tilde{O},$$

also

$$O^3 - 36\pi J^2 > \tilde{O}^3 - 36\pi \tilde{J}^2 \geqq 0 .$$

Damit ist aber der Beweis zum Abschluß gebracht, daß für jeden nicht kugeligen konvexen Körper zwischen Inhalt und Oberfläche die Ungleichheit besteht

$$O^3 - 36\pi J^2 > 0 .$$

§ 20. Ergänzende Bemerkungen [1]

I. Über die Beschränkung auf konvexe Vergleichskörper

Der Beweis für die Ungleichheit

$$O^3 - 36\pi J^2 \geqq 0$$

wurde unter viel engeren Voraussetzungen geführt, als der Beweis für die entsprechende Formel

$$L^2 - 4\pi F \geqq 0$$

in der ebenen Geometrie, da wir uns im Raume von vornherein auf konvexe Flächen beschränkt hatten.

[1] Kann überschlagen werden.

Man könnte nun die Behauptung von der isoperimetrischen Eigenschaft der Kugel ebenso allgemein fassen, wie wir die entsprechende Eigenschaft des Kreises ausgesprochen haben. Dazu hätte man die allgemeinste geschlossene Fläche Φ des Raumes zu betrachten, die eindeutiges (nicht notwendig eineindeutiges!) und stetiges Abbild der Kugel ist. Es handelte sich zunächst darum, die Oberfläche O von Φ zu erklären. Dazu überdeckt man die Bildkugel mit einem Dreiecknetz, vermerkt die entsprechenden Punkte auf Φ und verbindet sie in entsprechender Weise geradlinig, so daß ein Φ „eingeschriebenes" Vielflach $\mathfrak{B}$ entsteht, das aus lauter Dreiecken gebildet wird. Es sei δ die größte Seite des Dreiecknetzes auf der Kugel. Man kann, wie zuerst H. A. Schwarz hervorgehoben hat, die Oberfläche O_Φ nicht mehr durch die naheliegende Formel erklären:

$$O_\Phi = \lim_{\delta \to 0} O_{\mathfrak{B}},$$

wohl aber nach Lebesgue durch die folgende:

$$O_\Phi = \liminf_{\delta \to 0} O_{\mathfrak{B}},$$

wenn „Lim inf" den kleinsten Grenzwert bedeutet. Die Oberflächen wären dabei wieder absolut zu nehmen. Man beschränkt sich dann auf solche Flächen Φ, für die O_Φ *endlich* ist.

Man könnte dann den Rauminhalt J_Φ von Φ durch die Formel erklären:

$$J_\Phi = \lim_{\delta \to 0} J_{\mathfrak{B}}$$

und hätte zu beweisen, daß aus der Endlichkeit von O_Φ die Existenz und Endlichkeit dieses Grenzwertes J_Φ folgt. Dabei sind die Rauminhalte algebraisch zu nehmen, also mit einem bestimmten Vorzeichen zu versehen. Dann ließe sich die isoperimetrische Eigenschaft so fassen:

Zwischen den so erklärten Größen J_Φ und O_Φ gilt immer die Ungleichheit:

$$O_\Phi^3 - 36\pi J_\Phi^2 \geqq 0$$

und das Gleichheitszeichen nur im Falle der Kugel.

Das wäre wohl die denkbar allgemeinste Fassung der isoperimetrischen Eigenschaft der Kugel.

Um unser Beweisverfahren auf diese allgemeinere Behauptung anzuwenden, hätte man zunächst die Symmetrisierung auszudehnen auf den Fall eines Vielflachs $\mathfrak{B}$ mit endlich vielen Ecken, das nicht mehr konvex zu sein braucht und sich selbst durchdringen kann, aber den Zusammenhang der Kugel hat. Man symmetrisiert bezüglich der Ebene $z = 0$, indem man bildet

$$\pm 2 \bar{z}(x, y) = \Sigma \varepsilon_j z_j(x, y),$$

wobei die z_j die z-Koordinaten der Punkte von $\mathfrak{B}$ mit den vorgeschriebenen x- und y-Koordinaten bezeichnen und die $\varepsilon_j = \pm 1$ sind, je nachdem an diesen Stellen die Fläche $\mathfrak{B}$ von der gerichteten Parallelen zur z-Achse von „innen" nach „außen" oder umgekehrt durchstoßen wird.[1] Dann hätte man den Satz von der „Stetigkeit" der Funktionale O_Φ und J_Φ auf den jetzt vorliegenden Fall zu verallgemeinern und endlich den Auswahlsatz als richtig zu erweisen für die Flächen Φ mit endlicher Oberfläche O_Φ.

Um alles das wirklich auszuführen, wäre wohl ein großer Aufwand von „ε-Überlegungen" nötig, den wir uns durch die Beschränkung auf konvexe Vergleichsflächen Φ der Kugel zum großen Teil erspart haben.

Hat man die Formel $L^2 - 4\pi F \geqq 0$ nur für *konvexe* Kurven bewiesen, so ist es ziemlich leicht, auf *beliebige* Kurven überzugehen, wenn man Folgendes beachtet: Ist $\mathfrak{C}$ eine ebene Kurve, die eineindeutiges und stetiges Abbild eines Kreises ist, also eine sogenannte JORDAN-Kurve und ist $\mathfrak{K}$ die konvexe Kurve, die die Begrenzung der konvexen Hülle von $\mathfrak{C}$ bildet, dann ist

$$F_{\mathfrak{K}} \geqq F_{\mathfrak{C}}, \qquad L_{\mathfrak{K}} \leqq L_{\mathfrak{C}}.$$

Man könnte vermuten, es gäbe für die räumliche Geometrie einen ähnlichen Hilfssatz, der den Übergang von konvexen Flächen auf beliebige Vergleichsflächen der Kugel ermöglicht. Das ist aber nicht der Fall. Stellen wir uns einen nicht konvexen Körper her, indem wir in eine kleine Kugel viele lange und dünne Stacheln hineinstecken. Die konvexe Hülle dieses „Igels" wird dann recht große Oberfläche bekommen, wenn wir die Stacheln unseres Igels genügend wachsen lassen, während dabei die Oberfläche des Igels beliebig klein bleiben kann, wenn sein Körper und seine Stacheln nur recht dünn sind.

Es ist daher ein wesentlicher Vorteil des klassischen Beweisverfahrens von H. A. SCHWARZ, daß es auch nicht konvexe Vergleichskörper zuläßt, während bei den neueren Untersuchungen von H. MINKOWSKI — die dafür wieder in anderer Richtung weiter reichen — die Beschränkung auf konvexe Vergleichskörper wesentlich ist.

Es sei erwähnt, daß der Beweis von SCHWARZ nur unter gewissen einschränkenden Voraussetzungen über die Regularität der zugelassenen Begrenzungsflächen geführt ist; z. B. kann man sich

[1] Entsprechend wie bei der Bestimmung von L. KRONECKERS „Charakteristiken".

die Begrenzungsflächen aus endlich vielen regulären analytischen Flächenstücken zusammengesetzt denken. SCHWARZ weist zum Schluß seiner Beweisführung (Gesammelte mathematische Abhandlungen II, S. 340) darauf hin, daß man diese Einschränkungen mittels STEINERS Symmetrisierung beseitigen könne. Dazu wäre aber für die in § 20, I skizzierte Symmetrisierung erst der bei STEINER fehlende Nachweis zu erbringen, daß sie die Oberfläche wirklich verringert $O > \bar{O}$ und daß nur in dem trivialen Ausnahmefall der Symmetrie $O = \bar{O}$ möglich ist, was wir für den Fall konvexer Flächen eingesehen haben.[1]

Auf die Untersuchungen von SCHWARZ und MINKOWSKI kommen wir späterhin zurück. Zur Literatur unseres Problems sei erwähnt, daß J. O. MÜLLER in seiner Dissertation „Über die Minimaleigenschaft der Kugel" (Göttingen 1903) den Versuch gemacht hat, den Beweis von SCHWARZ einzuordnen in eine Theorie der allgemeinen isoperimetrischen Probleme mit Doppelintegralen.

II. Über die Existenz eines Doppelintegrals

Es läge der Gedanke nahe, die vorhin vorgetragene Beweisführung dadurch ein wenig kürzer zu gestalten, daß man die Oberfläche eines konvexen Körpers durch ein Doppelintegral erklärt. Dabei hätte man zu beweisen, daß das Doppelintegral

$$\iint\limits_{\mathfrak{R}} \sqrt{1 + \left(\frac{\partial f}{\partial x}\right)^2 + \left(\frac{\partial f}{\partial y}\right)^2}\, dx\, dy$$

existiert, wenn $f(x, y)$ eine konvexe Funktion im Rechteck $\mathfrak{R}$ ist. Hierin kann man die vorkommenden Ableitungen so wie auf S. 51 als verallgemeinerte Differentialquotienten deuten, oder auch als einseitige Ableitungen; das ist gleichgültig. Auch kann man diese Ableitungen in $\mathfrak{R}$ als beschränkt annehmen. Diese Aufgabe läßt sich ohne Weiteres zurückführen auf die andere, die Integrierbarkeit von

$$\iint\limits_{\mathfrak{R}} \frac{\partial f}{\partial x}\, dx\, dy \quad \text{und} \quad \iint\limits_{\mathfrak{R}} \frac{\partial f}{\partial y}\, dx\, dy$$

zu erweisen.

So einfach die entsprechende Aufgabe einer Dimension ist — man hat da nur die Integrierbarkeit einer monotonen Funktion nachzuweisen — so wenig auf der Hand liegend scheint die Lösung des vorliegenden Problems zu sein.

Ich skizziere hier dafür einen Beweis, den ich einer freundlichen Mitteilung von Herrn CARATHÉODORY verdanke. Man kann

[1] Es ist kürzlich von L. TONELLI unternommen worden, den Beweis von SCHWARZ so umzugestalten, daß die Voraussetzungen über die Vergleichsflächen möglichst eingeschränkt werden, Rend. Palermo **39** (1915).

aus der Konvexität von f folgern, daß $\partial f/\partial x$ an allen Stellen stetig ist, an denen es als Funktion von x allein stetig ist. Bei festem y ist aber $\partial f/\partial x$ monoton in x und die Sprungstellen bilden daher eine abzählbare Menge. Daraus kann man nach einem Satze von G. FUBINI[1] schließen, daß die Menge der Unstetigkeitsstellen von $\partial f/\partial x$ in $\mathfrak{R}$ das Maß Null hat im Sinne von LEBESGUE, und daraus weiter, daß das Integral

$$\iint\limits_{\mathfrak{R}} \frac{\partial f}{\partial x}\, dx\, dy$$

im Sinne von RIEMANN und um so mehr im Sinne von LEBESGUE besteht. Genau das Entsprechende gilt für die Ableitung nach y.

Daß eine konvexe Fläche $z = f(x, y)$ z. B. an allen rationalen Stellen von $\mathfrak{R}$ keine bestimmte Tangentialebene haben kann, sieht man am einfachsten so: Man setze

$$f(x, y) = X(x) + Y(y).$$

Dann müssen X und Y konvexe Funktionen ihrer Argumente, also Integrale monotoner Funktionen sein. Diese monotonen Funktionen kann man aber so einrichten, daß sie an allen rationalen Stellen unstetig werden.

III. Die Begriffe „konvexer Körper“ und „konvexe Funktion“

Konvexe Kurven oder Ovale hat schon ARCHIMEDES betrachtet. Er hat z. B. bemerkt, daß von zwei konvexen Kurven immer die äußere länger ist. Konvexe Vielflache sind auch von CAUCHY behandelt worden, der für sie 1813 eine Behauptung EUKLIDS bewiesen hat, daß sie durch Angabe der Gestalt und Anordnung ihrer Seitenflächen der Gestalt nach völlig bestimmt sind. Geometrische Untersuchungen über konvexe Kurven und Körper sind von STEINER angestellt worden, dann von L. LINDELÖF (Mathem. Ann. 2) und besonders von H. BRUNN, auf dessen Ergebnisse wir später zurückkommen.

Der Begriff „konvex“ ist nun in neuer Zeit besonders wichtig geworden auch für andere Zweige der Mathematik. C. NEUMANN hat 1877 Randwertaufgaben der *Potentialtheorie* für konvexe Bereiche gelöst. H. MINKOWSKI sind in seiner „Geometrie der Zahlen“ (1896) die großartigsten Anwendungen des Begriffs konvexer Körper auf die *Zahlentheorie* gelungen. CARATHÉODORY hat den konvexen Körper 1907 in die *Funktionentheorie* eingeführt zur Kennzeichnung der Koeffizienten einer Potenzreihe mit positivem Realteil.

Zusammenfassende Darstellungen der Eigenschaften der kon-

[1] Vgl. etwa CH. J. DE LA VALLÉE-POUSSIN, Cours d'Analyse, II. Bd., 2. Auflage (Löwen 1912), S. 120; oder das Buch über reelle Funktionen von CARATHÉODORY (Leipzig, B. G. Teubner, 1917).

vexen Körper findet man: Bei H. MINKOWSKI, Volumen und Oberfläche, Mathem. Ann. **57** (1903); bei C. CARATHÉODORY, Über den Variabilitätsbereich der FOURIERschen Konstanten von positiven harmonischen Funktionen, Rendiconti di Palermo **32** (1911) und bei E. STEINITZ, Bedingt konvergente Reihen und konvexe Systeme, CRELLEs Journal **143** (1914).

Den „Auswahlsatz" für konvexe Körper habe ich im Jahresbericht der Mathematikervereinigung **24** (1915) veröffentlicht (S. 195 bis 209), wo die im ersten und zweiten Teil dieses Buches behandelten Gegenstände kurz skizziert sind. Die vorhin in § 18 mitgeteilte Fassung des Beweises für den „Auswahlsatz" verdanke ich einer freundlichen Mitteilung von Herrn CARATHÉODORY. Mein ursprünglicher Beweis beruhte auf der Beschränktheit der Differenzenquotienten der Stützfunktionen, die es gestattet einen Satz von HILBERT (Mathem. Annalen **59**) heranzuziehen.

Kürzlich hat E. WITT unsern Auswahlsatz weitgehend verallgemeinert, Hamburg, Abhandlungen **19** (1954). Einen einfachen Beweis des Auswahlsatzes findet man bei H. HADWIGER, Altes und Neues über konvexe Körper, Basel 1955, § 7: Metrik und Blaschkes Auswahlsatz. Vergleiche auch die dort auf S. 22 angegebenen Schriften. Einen Beweis für die isoperimetrische Haupteigenschaft der Kugel mittels STEINERs Symmetrisierung aber ohne Auswahlsatz hat W. GROSS, Monatshefte Math. Phys. **18** (1917), geführt.

Konvexe Funktionen (ohne Voraussetzungen über ihre Differenzierbarkeit) wurden vielleicht zuerst von O. STOLZ im ersten Bande seiner Grundzüge der Differential- und Integralrechnung betrachtet (Leipzig 1893). Später hat sich mit ihnen eingehend J. L. JENSEN beschäftigt, Acta mathematica **30** (1906). Er definiert eine konvexe Funktion $f(x)$ durch die Forderungen

$$(*) \qquad f\left(\frac{x_1 + x_2}{2}\right) \geqq \tfrac{1}{2} f(x_1) + \tfrac{1}{2} f(x_2)$$

und $f(x) > m$, d. h. beschränkt nach unten. Man sieht leicht, daß diese in der Forderung (1) von S. 51 enthaltene Bedingung zu denselben im Intervallinnern stetigen Funktionen führt, die hier betrachtet wurden. Die Forderung der Beschränktheit ist dabei wesentlich; läßt man sie nämlich weg, so gibt es, wie F. BERNSTEIN und G. DOETSCH in Mathem. Ann. **76** (1915) bemerkt haben, auch völlig unstetige Funktionen mit der Konvexitätseigenschaft (*). Ein Mittelwertsatz von JENSEN für konvexe Funktionen, der in geometrischer Fassung unmittelbar einleuchtet, ist unter engeren Voraussetzungen schon früher von O. HÖLDER bewiesen worden: Über einen Mittelwertsatz, Göttinger Nachr. 1889.

Man kann, wie ich 1914 in den Pariser Akademieberichten (Nouvelles évaluations de distances dans l'espace fonctionnel) gezeigt habe, konvexe Funktionen mittels der STIELTJES-Integrale darstellen, etwa in der Form:

$$f(x) = \int^{b} | x - t | \, d\varphi(t),$$

worin $\varphi(t)$ monoton abnimmt. Eine ausführliche Auseinandersetzung der Integraldarstellung mit Anwendungen auf gewisse Minimumprobleme findet man in der Arbeit von G. PICK und mir: Distanzschätzungen im Funktionenraum II, Mathem. Annalen **77** (1916). Weitere Ergebnisse über konvexe Funktionen hat auf Grund ihrer Integraldarstellung J. RADON erzielt (Wiener Akademieberichte 1916).

Schon früher hat E. STUDY, fußend auf Untersuchungen von E. B. CHRISTOFFEL und H. A. SCHWARZ, ebenfalls unter Verwendung der Integrale von STIELTJES die allgemeinste analytische Funktion angegeben, die die konforme Abbildung einer Kreisscheibe auf einen beliebigen konvexen Bereich leistet; Vorlesungen über ausgewählte Gegenstände der Geometrie, 2. Heft: Konforme Abbildung einfach zusammenhängender Bereiche, Leipzig und Berlin 1913.

Konvexe Körper spielen auch in der Mechanik, und zwar in der *Theorie des schwimmenden Körpers* eine Rolle. Schneidet man durch Ebenen aus einem Körper Teilkörper gleichen Rauminhalts ab, so erfüllen die Schwerpunkte dieser (homogenen) Teilkörper, wie CH. DUPIN bewiesen hat, stets eine konvexe Fläche, die sogenannte Auftriebsfläche. In einem gewissen Zusammenhang damit stehen von MINKOWSKI veranlaßte Untersuchungen BÖHMERS über höhere Differentialinvarianten konvexer Kurven, Elliptisch und hyperbolisch gekrümmte Ovale, Mathem. Annalen **60**. Man sehe dazu auch H. MOHRMANN in Mathem. Annalen **72**, S. 285—291, S. 593—595.

Die Begriffe „konvexer Körper" und „konvexe Funktion" sind der verschiedensten Erweiterungen fähig, die noch kaum ausgenutzt sind. Z. B. kann man konvexe Körper im Funktionenraum HILBERTS erklären und den Begriff der Stützfunktion darauf übertragen, wodurch man zu einem „Stützfunktional" kommt. In konvexen Funktionenkörpern kann man „konvexe Funktionale" betrachten, für die wir später (§ 23, VI) einige Beispiele geben werden. Schließlich kann man auch noch konvexe Differentiationsprozesse einführen, wozu später (§ 26, IV) ebenfalls ein Beispiel erbracht werden soll.

Weitere Literaturangaben folgen in § 23, I und im Anhang.

Dritter Teil

Sätze über konvexe Körper von Schwarz, Brunn und Minkowski

§ 21. Eine Konstruktion von Schwarz und ein Satz von Brunn

I. Konstruktion von H. A. Schwarz

Wir wollen nun zeigen, daß wir in den Ergebnissen des zweiten Teils, nämlich in der Symmetrisierung STEINERS und im Auswahlsatz für konvexe Körper alle Hilfsmittel in der Hand haben, um in der einfachsten Weise verschiedene andere Ergebnisse über konvexe Köper herzuleiten, die in neuerer Zeit gefunden worden sind.

Es sei $\mathfrak{K}$ ein konvexer Körper mit inneren Punkten. $\mathfrak{S}_1$ und $\mathfrak{S}_2$ seien zwei Ebenen, die sich in einer Geraden $\mathfrak{a}$ unter einem Winkel α durchschneiden, der ein *irrationales* Vielfaches des vollen Winkels ist, z. B. $\alpha = \pi\sqrt{2}$. Durch Symmetrisierung an $\mathfrak{S}_1$ entsteht aus $\mathfrak{K}$ ein konvexer Körper $\mathfrak{K}_1$; diesen symmetrisieren wir an $\mathfrak{S}_2$ und erhalten so den Körper $\mathfrak{K}_2$. Der wird wiederum an $\mathfrak{S}_1$ symmetrisiert, wodurch $\mathfrak{K}_3$ entsteht. So fahren wir unbegrenzt fort, indem wir immer abwechselnd an $\mathfrak{S}_1$ und $\mathfrak{S}_2$ symmetrisieren. So entsteht eine unendliche Folge

$$\mathfrak{K} = \mathfrak{K}_0,\ \mathfrak{K}_1,\ \mathfrak{K}_2,\ \mathfrak{K}_3, \dots\ \mathfrak{K}_n, \dots$$

konvexer Körper, von denen die mit ungeraden Fußmarken n zu $\mathfrak{S}_1$ und die mit geraden ($n \geqq 2$) zu $\mathfrak{S}_2$ symmetrisch sind.

Wir behaupten, daß dieses Verfahren konvergiert:

Konvergenzsatz: *Die Folge* $\mathfrak{K}_0, \mathfrak{K}_1, \mathfrak{K}_2, \dots$ *konvergiert*

$$\lim_{n \to \infty} \mathfrak{K}_n = \mathfrak{L}$$

gegen einen konvexen Drehkörper $\mathfrak{L}$, *der die Schnittlinie* $\mathfrak{a}$ *der Symmetrieebenen* $\mathfrak{S}_1$ *und* $\mathfrak{S}_2$ *als Drehachse hat.*

Wenn das stimmt, so können wir den Drehkörper $\mathfrak{L}$ aus $\mathfrak{K}$ und $\mathfrak{a}$ sofort konstruieren. Eine Ebene senkrecht zu $\mathfrak{a}$ schneidet nämlich nach dem Ergebnis von S. 71 über die Symmetrisierung konvexer Bereiche die Körper der Folge in *flächengleichen* konvexen Bereichen, trifft also $\mathfrak{L}$ in der flächengleichen Kreisscheibe um $\mathfrak{a}$, da der Flächeninhalt genau so wie der Rauminhalt die Stetigkeitseigenschaft hat (S. 61). Es ergibt sich somit folgende Anweisung:

Man konstruiere in jeder Ebene senkrecht zu $\mathfrak{a}$, *die* $\mathfrak{K}$ *trifft, die Kreisscheibe um* $\mathfrak{a}$, *die zum konvexen Schnittbereich mit* $\mathfrak{K}$ *flächengleich ist; alle diese Kreisscheiben erfüllen den Drehkörper* $\mathfrak{L}$.

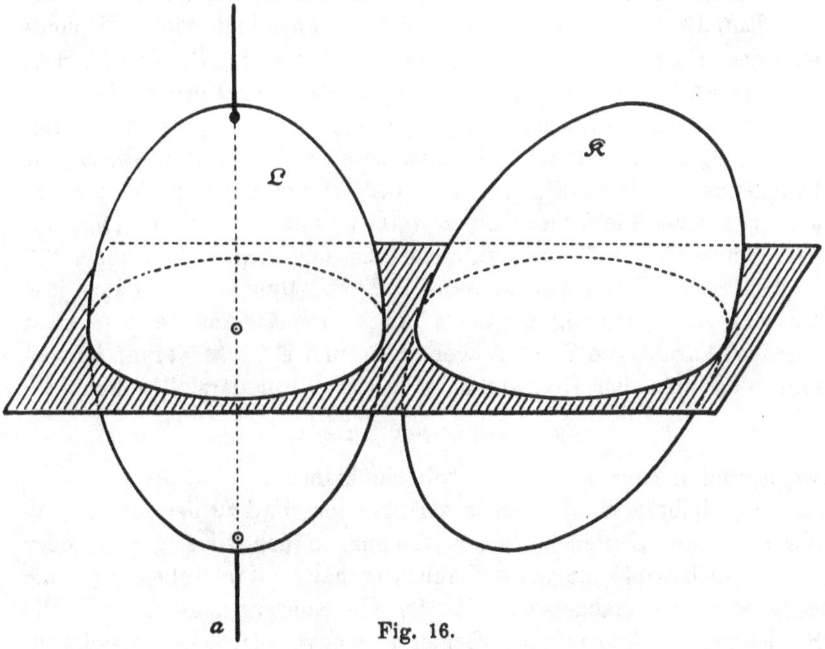

Fig. 16.

Diese Konstruktion (Fig. 16) ist von SCHWARZ bei seinem berühmten Beweise für die isoperimetrische Eigenschaft der Kugel verwendet worden und wir wollen sie daher stets als „Konstruktion von SCHWARZ" bezeichnen.

Man spricht auch von der „*Abrundung*" eines konvexen Körpers.

II. Konvergenzbeweis

Der Beweis des Konvergenzsatzes gelingt mit unseren Hilfsmitteln ganz glatt. Zuerst haben wir die *gleichmäßige Beschränktheit* der Folge $\mathfrak{K}$, $\mathfrak{K}_1$, $\mathfrak{K}_2$,... nachzuweisen. Schlägt man um einen Punkt der Drehachse $\mathfrak{a}$ eine Kugel $\mathfrak{M} > \mathfrak{K}$, so enthält diese auch alle $\mathfrak{K}_n$.

Denn bei der Symmetrisierung an $\mathfrak{S}_1$ bleibt $\mathfrak{M}$ in Ruhe, die Beziehung $\mathfrak{M} > \mathfrak{K}$ ergibt also $\mathfrak{M} > \mathfrak{K}_1$. Ebenso geht es bei den folgenden Symmetrisierungen.

Jetzt sind wir in der Lage, unseren Auswahlsatz anzuwenden (S. 62). Demnach gibt es in $\mathfrak{K}_0, \mathfrak{K}_1, \mathfrak{K}_2, \ldots$ sicher eine konvergente Teilfolge $\mathfrak{K}_{n1}, \mathfrak{K}_{n2}, \mathfrak{K}_{n3}, \ldots$ und wir wollen beweisen, daß ihr Grenzkörper

$$\mathfrak{L} = \lim_{k \to \infty} \mathfrak{K}_{n_k}$$

die Schnittlinie $\mathfrak{a}$ der beiden Ebenen $\mathfrak{S}_1$ und $\mathfrak{S}_2$ zur Drehachse hat.

Enthält die Folge $\mathfrak{K}_{n1}, \mathfrak{K}_{n2}, \mathfrak{K}_{n3}, \ldots$ unendlich viele Elemente aus der Folge $\mathfrak{K}_1, \mathfrak{K}_3, \mathfrak{K}_5, \ldots$, deren Körper zu $\mathfrak{S}_1$ symmetrisch sind, so ist offenbar $\mathfrak{L}$ als Grenze symmetrischer Körper wieder zu $\mathfrak{S}_1$ symmetrisch. Enthält $\mathfrak{K}_{n1}, \mathfrak{K}_{n2}, \mathfrak{K}_{n3}, \ldots$ auch aus der Folge $\mathfrak{K}_2, \mathfrak{K}_4, \mathfrak{K}_6, \ldots$, unendlich viele Elemente, so zeigt man ebenso die Symmetrie von $\mathfrak{L}$ zu $\mathfrak{S}_2$. Da aber der Winkel zwischen $\mathfrak{S}_1$ und $\mathfrak{S}_2$ als *irrationales* Vielfaches von π vorausgesetzt wurde, so folgt aus der Symmetrie zu $\mathfrak{S}_1$ und $\mathfrak{S}_2$ und aus der Abgeschlossenheit von $\mathfrak{L}$, daß in der Tat $\mathfrak{a}$ Drehachse von $\mathfrak{L}$ ist. Man kann nämlich jede Drehung um $\mathfrak{a}$ beliebig annähern durch eine Aufeinanderfolge einer geraden Anzahl von Spiegelungen an $\mathfrak{S}_1$ und $\mathfrak{S}_2$, was darauf hinausläuft, daß man den Drehwinkel φ in der Form darstellen kann

$$\varphi = n \cdot 2\alpha + m \cdot 2\pi + \varepsilon,$$

wo m und n ganz und $|\varepsilon|$ beliebig klein ist.

Es bleibt noch der etwas verwickeltere Fall zu betrachten, daß die Folge der Zahlen $n_1, n_2, n_3, \ldots$ nur endlich viele gerade oder nur endlich viele ungerade Zahlen enthält. Wir wollen etwa die erste Annahme machen und, da für die Konvergenzbetrachtung die Streichung endlich vieler Elemente nichts ausmacht, gleich annehmen, daß die $n_1, n_2, n_3, \ldots$ alle ungerade sind. Dann steht die Symmetrie des Grenzkörpers $\mathfrak{L}$ zu $\mathfrak{S}_1$ fest und die Symmetrie zu $\mathfrak{S}_2$ bleibt zu beweisen, wenn wir zeigen wollen, daß $\mathfrak{L}$ die Gerade $\mathfrak{a}$ zur Drehachse hat.

Nach der in § 19, VII, S. 78 bewiesenen Eigenschaft der Symmetrisierung bilden die Oberflächen von $\mathfrak{K}_0, \mathfrak{K}_1, \mathfrak{K}_2, \ldots$ eine absteigende oder jedenfalls nicht aufsteigende Folge positiver Zahlen und konvergieren daher gegen einen bestimmten Grenzwert $O_{\mathfrak{L}}$, der wegen der auf S. 61 bewiesenen Stetigkeit des Oberflächenfunktionals mit der Oberfläche von $\mathfrak{L}$ zusammenfällt.

Symmetrisieren wir nun alle Körper der Folge $\mathfrak{K}_{n1}, \mathfrak{K}_{n2}, \mathfrak{K}_{n3}, \ldots$ und $\mathfrak{L}$ an $\mathfrak{S}_2$, so erhalten wir die Körper $\mathfrak{K}_{n1+1}, \mathfrak{K}_{n2+1}, \mathfrak{K}_{n3+1}, \ldots; \mathfrak{L}^*$.

Da aber nach S. 69 Symmetrisierung und Grenzübergang vertauschbar sind, so ist

$$\mathfrak{L}^* = \lim_{k \to \infty} \mathfrak{K}_{n_k+1}.$$

Die Oberfläche von $\mathfrak{L}^*$ ist daher gleich dem Grenzwert der Oberflächen der $\mathfrak{K}_{n_k+1}$, d. h. gleich der Oberfläche $O_{\mathfrak{L}}$ von $\mathfrak{L}$. Die Oberfläche von $\mathfrak{L}$ wird somit durch die Symmetrisierung von $\mathfrak{L}$ an $\mathfrak{S}_2$ nicht vermindert und daher hat nach S. 78 $\mathfrak{L}$ eine zu $\mathfrak{S}_2$ parallele Symmetrieebene $\mathfrak{T}$. Es bleibt noch zu zeigen, daß $\mathfrak{T}$ mit $\mathfrak{S}_2$ zusammenfällt.

III. Über den Schwerpunkt

Das kann man am anschaulichsten durch die Einführung der Schwerpunkte S_n der Körper $\mathfrak{K}_n$ einsehen, die wir uns homogen mit Masse erfüllt denken. Dann gelten zwei naheliegende Sätze, deren strenge arithmetische Begründung wir uns schenken wollen, da sie durch Grenzübergang aus den entsprechenden Sätzen für Vielfache gewonnen werden können, genau so wie wir die Eigenschaften von Rauminhalt und Oberfläche begründet haben. Es sind das die folgenden Sätze:

I. *Aus*

$$\lim_{k \to \infty} \mathfrak{K}_{n_k} = \mathfrak{L}$$

folgt für die zugehörigen Schwerpunkte

$$\lim_{k \to \infty} S_{n_k} = S_{\mathfrak{L}}.$$

II. *Symmetrisiert man* $\mathfrak{K}$ *an* $\mathfrak{S}_1$ *nach* $\mathfrak{K}_1$, *so ist der Schwerpunkt* S_1 *von* $\mathfrak{K}_1$ *die senkrechte Projektion (der Normalriß) des Schwerpunkts* S *von* $\mathfrak{K}$ *auf* $\mathfrak{S}_1$.

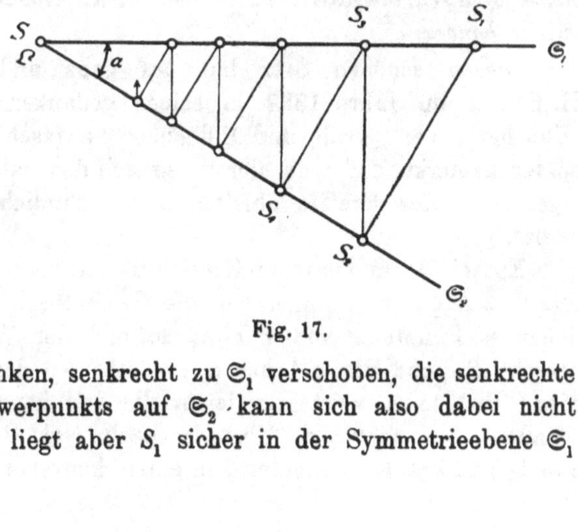

Fig. 17.

Bei der Symmetrisierung von $\mathfrak{K}_1$ werden ja die dünnen Stäbchen senkrecht zu $\mathfrak{S}_1$, aus denen wir uns $\mathfrak{K}$ zusammengesetzt denken, senkrecht zu $\mathfrak{S}_1$ verschoben, die senkrechte Projektion des Schwerpunkts auf $\mathfrak{S}_2$ kann sich also dabei nicht ändern. Anderseits liegt aber S_1 sicher in der Symmetrieebene $\mathfrak{S}_1$ von $\mathfrak{K}_1$.

Aus II. folgt, daß die Schwerpunkte S_1, S_2, $S_3 \ldots$ von $\mathfrak{K}_1$, $\mathfrak{K}_2$, $\mathfrak{K}_3 \ldots$ in einer Ebene senkrecht zu $\mathfrak{a}$ liegen und dort die vorstehende Figur 17 bilden. Nach I. liegt daher der Schwerpunkt $S_{\mathfrak{L}}$ von $\mathfrak{L}$ auf $\mathfrak{a}$. Anderseits liegt er in $\mathfrak{T}$. Da aber $\mathfrak{S}_2$ und $\mathfrak{T}$ parallel sein sollen, fallen sie zusammen.

Damit ist gezeigt, daß alle aus der Folge $\mathfrak{K}$, $\mathfrak{K}_1$, $\mathfrak{K}_2 \ldots$ ausgewählten konvergenten Teilfolgen gegen denselben Grenzkörper $\mathfrak{L}$ streben, der sich aus $\mathfrak{K}$ durch die Konstruktion von Schwarz ergibt. Die Zahlenfolge der Nachbarschaftsmaße (S. 60)

$$\nu_n = N(\mathfrak{K}_n, \mathfrak{L})$$

hat somit die Eigenschaft, daß jede Teilfolge gegen Null strebende Unterfolgen enthält. Daraus folgt aber die Konvergenz der ganzen Folge

$$\operatorname{Lim} N(\mathfrak{K}_n, \mathfrak{L}) = 0.$$

Damit ist gleichbedeutend

$$\mathfrak{L} = \lim_{n \to \infty} \mathfrak{K}_n,$$

was wir zeigen wollten.

IV. Ein Satz von H. Brunn

Es wurde bisher gezeigt, daß man die Konstruktion von Schwarz durch einen Grenzprozeß aus der Symmetrisierung Steiners herleiten kann. Aus den Eigenschaften der Symmetrisierung kann man daher verschiedene Folgerungen ziehen, von denen die einfachste die folgende ist:

Der Drehkörper $\mathfrak{L}$, den man aus einem konvexen Körper $\mathfrak{K}$ und einer Achse $\mathfrak{a}$ durch die Konstruktion von H. A. Schwarz herleitet, ist stets wieder konvex.

Diesen schönen Satz hat auf ganz anderem Wege zuerst H. Brunn im Jahre 1887 in seiner gedankenreichen Dissertation (München) über „Ovale und Eiflächen“ bewiesen. H. Minkowski hat später bemerkt, daß man hieraus einfach den Satz von der Minimumeigenschaft des Kreises ableiten kann, nämlich etwa in folgender Weise.

Es sei $\mathfrak{B}$ ein konvexer Bereich in der Ebene $z = 0$. Im Raumteil $0 \leqq z \leqq 1$ bestimmen wir die Gesamtheit aller Punkte A, zu denen es Punkte B von $\mathfrak{B}$ gibt, so daß der Winkel zwischen der Strecke BA und der z-Achse $\leqq \pi/4$ ist. An der Gesamtheit $\mathfrak{K}$ aller dieser Punkte A weist man leicht die drei kennzeichnenden Eigenschaften des konvexen Körpers nach (vgl. S. 43). Jede Ebene $z = \lambda \{0 \leqq \lambda \leqq 1\}$ schneidet $\mathfrak{K}$ in einem konvexen Bereich $\mathfrak{B}_\lambda$, dessen

Grundriß auf $z = 0$ dadurch definiert ist, daß die Entfernung seiner Punkte von $\mathfrak{B}$ $\leqq \lambda$ ist. Zwischen den Flächeninhalten F, F_λ und Umfängen L, L_λ dieser „Parallelbereiche" $\mathfrak{B}$, $\mathfrak{B}_\lambda$ besteht daher bekanntlich die Beziehung

$$(1) \qquad \begin{aligned} F_\lambda &= F + L\lambda + \pi\lambda^2, \\ L_\lambda &= L + 2\pi\lambda. \end{aligned}$$

Die Konvexität des Drehkörpers $\mathfrak{L}$ um die z-Achse, den man aus $\mathfrak{K}$ durch die Konstruktion von SCHWARZ gewinnt, ergibt die Ungleichheit zwischen den Halbmessern der Parallelkreise in den Ebenen $z = 0, \; = \lambda, \; = 1$

$$r_\lambda \geqq (1 - \lambda) r_0 + \lambda r_1.$$

Nun ist aber

$$\pi r_0^2 = F, \quad \pi r_\lambda^2 = F_\lambda, \quad \pi r_1^2 = F_1$$

und wir haben danach

$$\sqrt{F_\lambda} \geqq (1 - \lambda)\sqrt{F} + \lambda\sqrt{F_1}.$$

Setzt man für F_λ und F_1 aus (1) die Werte ein, so folgt durch Quadrieren nach einigen Vereinfachungen

$$L^2 - 4\pi F \geqq 0.$$

Das ist die Ungleichheit für die Minimumeigenschaft des Kreises, wie wir sie im ersten Teil dieses Buches hergeleitet haben (S. 31). Nur reicht der jetzige Beweis dafür weniger weit als der alte, da wir uns jetzt auf konvexe Bereiche beschränken und da wir jetzt nicht bewiesen haben, daß das Gleichheitszeichen nur für den Kreis gilt.

Diese letzte Tatsache ergibt sich aus einer *Verschärfung des Satzes von* BRUNN, die ebenfalls von diesem Geometer angegeben wurde und etwa so ausgesprochen werden kann:

Eine „Zone" des Drehkörpers $\mathfrak{L}$, der aus $\mathfrak{K}$ durch die Konstruktion von SCHWARZ *gefunden wurde, d. h. ein Stück von $\mathfrak{L}$ zwischen zwei Ebenen senkrecht zur Drehachse ist nur dann Zone eines Drehkegels, wenn die entsprechende Zone von $\mathfrak{K}$ Zone eines Kegels ist.*

Dabei braucht der zweite Kegel natürlich kein Drehkegel zu sein und die Zylinder sind als Grenzfälle mit zu den Kegeln zu rechnen. Es würde keine Schwierigkeiten bereiten, diese Verschärfung mit unseren Hilfsmitteln zu bestätigen, indessen wollen wir hier darauf verzichten, da später (vgl. § 22, V) eine ganz entsprechende Frage behandelt werden wird.

Es sei auch erwähnt, daß man die angeführten Ergebnisse von BRUNN oder, was auf dasselbe hinausläuft, die Ungleichheit von MINKOWSKI über den sogenannten „gemischten Flächenhalt" (vgl. § 23, III) auf viel elementarerem Wege gewinnen kann, als das hier geschehen ist, wie besonders einfach kürzlich von G. Frobenius gezeigt wurde.[1] Wir haben also allem Anschein nach mit Kanonen auf Spatzen geschossen. Indessen hat unser Verfahren vor den einfacheren Methoden den erheblichen Vorteil, daß es dazu ausreicht, den angeführten Satz von Brunn auf Räume von beliebiger Dimensionenzahl ($n = 4, 5, \ldots$) auszudehnen. Wir wollen in § 22 insbesondere den nächst höheren Fall $n = 4$ behandeln, dabei aber die Untersuchung so wenden, daß wir uns nicht aus dem gewöhnlichen dreidimensionalen Raume Euklids herauszubemühen brauchen.

V. Ein Satz von H. A. Schwarz

Bei unserer Ableitung der Schwarzschen Transformierten $\mathfrak{L}$ aus dem konvexen Körper $\mathfrak{K}$ durch Grenzübergang ergibt sich, was hier nicht weiter benutzt werden soll, unmittelbar aus den Eigenschaften der Symmetrisierung:

Zwischen den Rauminhalten und Oberflächen von $\mathfrak{K}$ und $\mathfrak{L}$ bestehen die Beziehungen

$$J_{\mathfrak{K}} = J_{\mathfrak{L}}, \quad O_{\mathfrak{K}} \geqq O_{\mathfrak{L}},$$

und zwar gilt in der zweiten Beziehung nur in dem trivialen Falle das Gleichheitszeichen, daß $\mathfrak{K}$ eine zur Drehachse von $\mathfrak{L}$ parallele Drehachse hat.

Diese Eigenschaft der Konstruktion von Schwarz ermöglicht das räumliche Problem vom Körper kleinster Oberfläche und gegebenen Inhalts auf ein ebenes Problem zurückzuführen, nämlich die Meridiankurve der Drehfläche zu bestimmen, die die Minimumforderung befriedigt. Das ist der Grundgedanke des berühmten Beweises von Schwarz für die isoperimetrische Eigenschaft der Kugel. Man sieht daraus, in welch inniger Beziehung die Ideen von Steiner, Schwarz, Brunn und Minkowski stehen.

§ 22. Sätze von Brunn und Minkowski

I. Lineare Scharen und konvexe Scharen konvexer Körper

Es seien $\mathfrak{K}_0$ und $\mathfrak{K}_1$ irgend zwei konvexe Körper. P_0 ein beliebiger Punkt von $\mathfrak{K}_0$ und P_1 ein beliebiger Punkt von $\mathfrak{K}_1$. Wir konstruieren den Punkt

$$P_\vartheta = (1 - \vartheta) P_0 + \vartheta P_1, \quad \{0 \leqq \vartheta \leqq 1\}$$

der die Strecke $P_0 P_1$ im vorgegebenen Verhältnis $\vartheta : 1 - \vartheta$ teilt.

[1] Vgl. S. 40, 41 dieses Buches.

Halten wir $\mathfrak{K}_0$, $\mathfrak{K}_1$ und ϑ fest und lassen wir P_0 und P_1 die Körper $\mathfrak{K}_0$ und $\mathfrak{K}_1$ durchwandern, so beschreibt P_ϑ ebenfalls einen konvexen Körper $\mathfrak{K}_\vartheta$, den wir mit

$$\mathfrak{K}_\vartheta = (1-\vartheta)\mathfrak{K}_0 + \vartheta\,\mathfrak{K}_1$$

bezeichnen wollen.

Die Beschränktheit und Abgeschlossenheit von $\mathfrak{K}_0$ und $\mathfrak{K}_1$ hat nämlich auch die von $\mathfrak{K}_\vartheta$ zur Folge. Sind ferner P_ϑ und Q_ϑ zwei Punkte von $\mathfrak{K}_\vartheta$, so liegt ihre Verbindungsstrecke in $\mathfrak{K}_\vartheta$, denn aus

$$P_\vartheta = (1-\vartheta)P_0 + \vartheta P_1,$$
$$Q_\vartheta = (1-\vartheta)Q_0 + \vartheta Q_1$$

folgt durch Linearkombination

$$(1-\Theta)P_\vartheta + \Theta Q_\vartheta = (1-\vartheta)\{(1-\Theta)P_0 + \Theta Q_0\} + \vartheta\{(1-\Theta)P_1 + \Theta Q_1\}$$
$$0 \leqq \Theta \leqq 1$$

und die beiden durch die geschlungenen Klammern angedeuteten Punkte liegen in $\mathfrak{K}_0$ und $\mathfrak{K}_1$.

Läßt man ϑ die Werte $0 \leqq \vartheta \leqq 1$ durchlaufen, so beschreibt $\mathfrak{K}_\vartheta$ die *„lineare Schar"* konvexer Körper, die $\mathfrak{K}_0$ und $\mathfrak{K}_1$ verbindet. Solche Scharen dürften im Anschluß an Untersuchungen Steiners zuerst in der Dissertation von Brunn betrachtet worden sein.

Für das Spätere wird uns folgender Satz von Nutzen sein, der den Zusammenhang zwischen den Randpunkten der Körper einer Linearschar verdeutlicht:

Zwei Punkte P_0 und P_1 von $\mathfrak{K}_0$ und $\mathfrak{K}_1$ ergeben durch Linearkombination

$$P_\vartheta = (1-\vartheta)P_0 + \vartheta P_1$$

dann und nur dann einen Randpunkt von

$$\mathfrak{K}_\vartheta = (1-\vartheta)\mathfrak{K}_0 + \vartheta\,\mathfrak{K}_1$$
$$\{0 < \vartheta < 1\},$$

wenn P_0 und P_1 Randpunkte von $\mathfrak{K}_0$ und $\mathfrak{K}_1$ sind, durch die es gleichsinnig parallele Stützebenen an diese beiden Körper gibt.

„Gleichsinnig parallele Stützebenen" soll heißen Stützebenen mit gleichsinnig parallelen, nach außen gerichteten Normalen an $\mathfrak{K}_0$ und $\mathfrak{K}_1$. Man sieht das so ein (vgl. die Fig. 18, die die analoge Konstruktion in der Ebene veranschaulicht): Die Körper

(*) $\qquad (1-\vartheta)P_0 + \vartheta\,\mathfrak{K}_1 \quad$ und $\quad (1-\vartheta)\mathfrak{K}_0 + \vartheta P_1,$

die zu $\mathfrak{K}_1$ und $\mathfrak{K}_0$ ähnlich liegen, enthalten den Punkt P_ϑ und sind in $\mathfrak{K}_\vartheta$ enthalten (in der Figur ist $\vartheta = {}^1/_2$ und die Körper (*) sind eng schraffiert). Es muß also durch P_ϑ an diese beiden Körper (*)

eine gemeinsame Stützebene geben, wenn P_ϑ Randpunkt von $\mathfrak{K}_\vartheta$ sein soll. Dann gibt es aber in der Tat an die ähnlich liegenden Körper $\mathfrak{K}_0, \mathfrak{K}_1$ in den entsprechenden Punkten P_0 und P_1 gleichsinnig parallele Stützebenen. Diese Bedingung ist aber offenbar auch hinreichend.

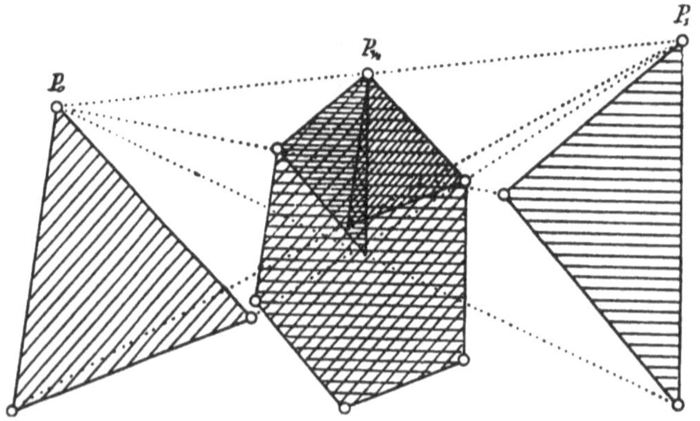

Fig. 18.

Hieraus folgt z. B.: *Sind $\mathfrak{E}_0$ und $\mathfrak{E}_1$ gleichsinnig parallele Stützebenen von $\mathfrak{K}_0$ und $\mathfrak{K}_1$, so ist* $(1-\vartheta)\mathfrak{E}_0 + \vartheta\,\mathfrak{E}_1$ *die gleichsinnig parallele Stützebene an $\mathfrak{K}_\vartheta$.* Die Stützfunktionen kombinieren sich demnach ebenfalls linear.

Es kommt uns besonders darauf an, einen Satz von Brunn zu beweisen, dessen Bedeutung später durch Minkowski ins rechte Licht gerückt wurde und den wir mittels des früher (S. 51) eingeführten Begriffs der konvexen Funktion so aussprechen können:

Hauptsatz: *Die dritte Wurzel aus dem Rauminhalt $J(\vartheta)$ des Körpers $\mathfrak{K}_\vartheta$ der linearen Schar*

$$\mathfrak{K}_\vartheta = (1-\vartheta)\,\mathfrak{K}_0 + \vartheta\,\mathfrak{K}_1$$

ist eine (nach oben) konvexe Funktion des Parameters $\vartheta\,\{0 \leqq \vartheta \leqq 1\}$.

Um das zu beweisen, führen wir außer dem Begriffe der *linearen* Schar noch den umfassenden Begriff der „*konvexen Schar*" konvexer Körper ein in Analogie zum Begriffe der konvexen Funktion:

Ein System konvexer Körper $\mathfrak{K}_\vartheta$ sei eindeutig auf die Werte des Parameters ϑ auf der Strecke $0 \leqq \vartheta \leqq 1$ bezogen. Der Körper, der dem Parameterwert

$$\vartheta = \lambda_1\,\vartheta_1 + \lambda_2\,\vartheta_2$$

$$\{\lambda_1 \geqq 0,\ \lambda_2 \geqq 0,\ \lambda_1 + \lambda_2 = 1\}$$

entspricht, soll stets den Körper

$$\lambda_1\,\mathfrak{K}_{\vartheta_1} + \lambda_2\,\mathfrak{K}_{\vartheta_2}$$

enthalten, der der linearen Schar zwischen $\mathfrak{K}_{\vartheta_1}$ und $\mathfrak{K}_{\vartheta_2}$ angehört $\{0 \leqq \vartheta_1 \leqq 1,\ 0 \leqq \vartheta_2 \leqq 1\}$, *was wir in Zeichen so ausdrücken:*

$$\mathfrak{K}_{\lambda_1 \vartheta_1 + \lambda_2 \vartheta_2} \geqq \lambda_1 \mathfrak{K}_{\vartheta_1} + \lambda_2 \mathfrak{K}_{\vartheta_2};$$

dann wollen wir diese Schar konvexer Körper als konvex bezeichnen.

Jede Linearschar ist konvex, aber nicht umgekehrt. Wir wollen nun zusehen, wie die Symmetrisierung auf konvexe Scharen wirkt

II. Symmetrisierung konvexer Scharen

Wir wollen zeigen:

Symmetrisiert man die konvexen Körper einer konvexen Schar an derselben Grundebene $z = 0$, so erhält man stets wieder die Körper einer konvexen Schar (Fig. 19).

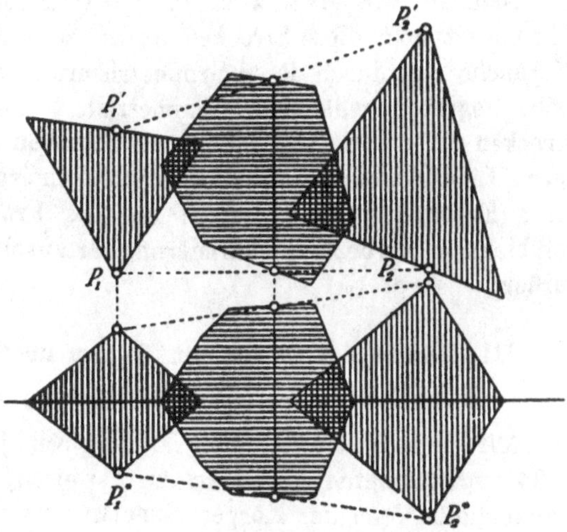

Fig. 19.

Es seien nämlich $\mathfrak{K}^*_{\vartheta_1}$ und $\mathfrak{K}^*_{\vartheta_2}$ zwei konvexe Körper der symmetrischen Schar, die aus den Körpern $\mathfrak{K}_{\vartheta_1}$ und $\mathfrak{K}_{\vartheta_2}$ der ursprünglichen Schar entstanden sind; P_1^* ein Punkt von $\mathfrak{K}^*_{\vartheta_1}$, P_2^* einer von $\mathfrak{K}^*_{\vartheta_2}$ und z_1 und z_2 ihre z-Koordinaten. Dann gibt es auf der Parallelen zur z-Achse durch P_1^* zwei Punkte P_1, P_1' von $\mathfrak{K}_{\vartheta_1}$ mit der Entfernung $2|z_1|$ und auf der Parallelen durch P_2^* zwei Punkte P_2, P_2' von $\mathfrak{K}_{\vartheta_2}$ mit der Entfernung $2|z_2|$. Kombiniert man diese beiden gleichgerichteten Strecken $P_1 P_1'$, $P_2 P_2'$ linear

$$\lambda_1 \overline{P_1 P_1'} + \lambda_2 \overline{P_2 P_2'},$$

so enthält man nach Voraussetzung eine Strecke im Körper

$$\mathfrak{K}_{\lambda_1 \vartheta_1 + \lambda_2 \vartheta_2}$$

wegen der Konvexität der ursprünglichen Schar. Durch Symmetrisierung an $z = 0$ geht daraus eine Strecke PP' hervor, die im symmetrisierten Körper

$$\mathfrak{K}^*_{\lambda_1 \vartheta_1 + \lambda_2 \vartheta_2}$$

liegt. Diese Strecke kann man aber geradewegs durch Linearkombination der zu $z = 0$ symmetrischen Strecken

$$\overline{PP'} = \lambda_1 \overline{P_1^* P_1'^*} + \lambda_2 \overline{P_2^* P_2'^*}$$

finden. Darin liegt aber die Konvexität

$$\mathfrak{K}^*_{\lambda_1 \vartheta_1 + \lambda_2 \vartheta_2} \geqq \lambda_1 \mathfrak{K}^*_{\vartheta_1} + \lambda_2 \mathfrak{K}^*_{\vartheta_2}$$

der symmetrisierten Schar.

Insbesondere folgt aus unserem Satze, daß man aus einer linearen Schar konvexer Körper durch Symmetrisierung eine konvexe Schar konvexer Körper erhält, die aber, wie man sofort an Beispielen sehen kann, nicht wieder linear zu sein braucht.

Nehmen wir etwa zwei zu $z = 0$ nicht senkrechte Strecken. Kombiniert man diese Strecken linear, so erhält man im allgemeinen Vierflache und durch deren Symmetrisierung an $z = 0$ Vielfache mit sechs Begrenzungsflächen. Symmetrisiert man hingegen zuerst die Strecken an $z = 0$, so erhält man Strecken in $z = 0$ und daraus durch Linearkombination wieder Strecken von $z = 0$, also ein anderes Ergebnis. Wir kommen auf die Frage, wann die Linearkombination mit der Symmetrisierung vertauschbar ist, später (§ 22, IV) zurück.

III. Beweis des Satzes von Brunn über die Rauminhalte der Körper einer linearen Schar

Mit dem Hilfsmittel von II. sind wir jetzt in der Lage, den S. 94 angekündigten Hauptsatz zu beweisen, daß nämlich für die Rauminhalte $J(\vartheta)$ der Körper einer linearen Schar $\mathfrak{K}_\vartheta = (1 - \vartheta)\mathfrak{K}_0 + \vartheta \mathfrak{K}_1$ die Beziehung gilt, daß

$$\sqrt[3]{J(\vartheta)}$$

eine konvexe Funktion des Parameters ϑ ist.

Nehmen wir drei Ebenen $\mathfrak{S}_1$, $\mathfrak{S}_2$, $\mathfrak{S}_3$ an, die einen einzigen Punkt M gemein haben und von deren Winkeln mindestens zwei *irrationale* Vielfache von π sind. Wir symmetrisieren die Linearschar $\mathfrak{K}_\vartheta$ an $\mathfrak{S}_1$ und erhalten dadurch eine konvexe Schar $\mathfrak{K}^1_\vartheta$. Daraus durch Symmetrisierung an $\mathfrak{S}_2$ die Schar $\mathfrak{K}^2_\vartheta$, hieraus weiter $\mathfrak{K}^3_\vartheta$ durch Symmetrisierung an $\mathfrak{S}_3$. $\mathfrak{K}^3_\vartheta$ wird dann wieder an $\mathfrak{S}_1$ symmetrisiert usf. Die Schar $\mathfrak{K}^n_\vartheta$ $(n = 1, 2, 3, \ldots)$ ist konvex nach II. und der Rauminhalt eines Körpers aus $\mathfrak{K}^n_\vartheta$ ist derselbe wie der des entsprechenden Körpers $\mathfrak{K}_\vartheta$ wegen der Invarianz dieses Funktionals gegenüber der Symmetrisierung.

Die Folge von Körpern $\mathfrak{K}_\vartheta^1, \mathfrak{K}_\vartheta^2, \mathfrak{K}_\vartheta^3, \ldots$, die auf diese Art aus einem Körper $\mathfrak{K}_\vartheta$ entspringt, konvergiert gegen eine Kugel $\mathfrak{L}_\vartheta$ mit dem Mittelpunkt M

$$\mathfrak{L}_\vartheta = \lim_{n \to \infty} \mathfrak{K}_\vartheta^n .$$

Man beweist nämlich genau ebenso wie in § 21, II, III, daß jede konvergente Teilfolge gegen einen Grenzkörper konvergiert, der zu $\mathfrak{S}_1, \mathfrak{S}_2, \mathfrak{S}_3$ symmetrisch sein muß, also nur eine Kugel sein kann. Die Beschränktheit der Folge erkennt man wieder so, daß man um M eine Kugel schlägt, die $\mathfrak{K}_\vartheta$ enthält: diese Kugel enthält dann auch alle Körper der Folge $\mathfrak{K}_\vartheta^n$. Die Grundlage des Konvergenzbeweises bilden einerseits der Auswahlsatz, anderseits die Eigenschaften der Symmetrisierung.

Wir haben (S. 61)

$$J(\mathfrak{L}_\vartheta) = \lim_{n \to \infty} J(\mathfrak{K}_\vartheta^n) = J(\vartheta).$$

Anderseits folgt aus der Konvexität der Folge $\mathfrak{K}_\vartheta^n$

$$\mathfrak{K}^n_{\lambda_1 \vartheta_1 + \lambda_2 \vartheta_2} \geqq \lambda_1 \mathfrak{K}^n_{\vartheta_1} + \lambda_2 \mathfrak{K}^n_{\vartheta_2}$$

durch den Grenzübergang $n \to \infty$

$$\mathfrak{L}_{\lambda_1 \vartheta_1 + \lambda_2 \vartheta_2} \geqq \lambda_1 \mathfrak{L}_{\vartheta_1} + \lambda_2 \mathfrak{L}_{\vartheta_2},$$

d. h. die Schar der konzentrischen Kugeln $\mathfrak{L}_\vartheta$ ist auch konvex. Das gibt aber für die Halbmesser $r(\vartheta)$ der Kugeln $\mathfrak{L}_\vartheta$ die Beziehung

$$r(\lambda_1 \vartheta_1 + \lambda_2 \vartheta_2) \geqq \lambda_1 r(\vartheta_1) + \lambda_2 r(\vartheta_2)$$

und die entsprechende Beziehung für die den Halbmessern proportionalen dritten Wurzeln aus den Rauminhalten

(1) $$\sqrt[3]{J(\lambda_1 \vartheta_1 + \lambda_2 \vartheta_2)} \geqq \lambda_1 \sqrt[3]{J(\vartheta_1)} + \lambda_2 \sqrt[3]{J(\vartheta_2)}.$$

Da die Funktion

$$\sqrt[3]{J(\vartheta)}$$

nicht negativ, also nach unten beschränkt ist, so ist in der Formel (1) ihre Konvexität im Intervall $0 \leqq \vartheta \leqq 1$ enthalten und damit die Behauptung bewiesen.

Es bleibt nun noch die Frage zu erledigen, wann in (1) das Gleichheitszeichen gilt, wann also ein Stück der konvexen Kurve

$$y = \sqrt[3]{J(x)}$$

gradlinig verläuft. Dazu brauchen wir nur unsere Betrachtungen von II. über die Symmetrisierung konvexer Scharen zu ergänzen, indem wir feststellen, wann bei der Symmetrisierung eine Linearschar wieder in eine Linearschar konvexer Körper übergeht.

IV. Symmetrisierung linearer Scharen

Es sei

$$\mathfrak{K}_\vartheta = (1-\vartheta)\,\mathfrak{K}_0 + \vartheta\,\mathfrak{K}_1$$

eine lineare Schar konvexer Körper. Wir symmetrisieren jeden Körper $\mathfrak{K}_\vartheta$ der Schar $\{0 \leqq \vartheta \leqq 1\}$ an derselben Ebene $z = 0$ und fragen, wann die so entstandenen konvexen Körper $\mathfrak{K}_\vartheta^*$ wieder eine lineare Schar bilden:

$$\mathfrak{K}_\vartheta^* = (1-\vartheta)\,\mathfrak{K}_0^* + \vartheta\,\mathfrak{K}_1^*.$$

Wir nehmen in $z = 0$ einen Punkt P_0 so an, daß die Lotrechte, d. h. die Parallele zur z-Achse durch P_0 die Körper $\mathfrak{K}_0$ und $\mathfrak{K}_0^*$ in Strecken $\overline{Q_0 R_0} = \overline{Q_0^* R_0^*}$ schneidet, deren Länge von Null verschieden ist, was sicher möglich ist, wenn, wie wir annehmen wollen, $\mathfrak{K}_0$, $\mathfrak{K}_1$ und daher auch $\mathfrak{K}_0^*$, $\mathfrak{K}_1^*$ innere Punkte enthalten. Durch Q_0^* geht (mindestens) eine Stützebene $\mathfrak{S}_0^*$ an $\mathfrak{K}_0^*$ und durch R_0^* geht dann die zu $\mathfrak{S}_0^*$ bezüglich $z = 0$ symmetrische Stützebene $\mathfrak{T}_0^*$.

Wir zeichnen die zu $\mathfrak{S}_0^*$ und $\mathfrak{T}_0^*$ *gleichsinnig* parallelen Stützebenen $\mathfrak{S}_1^*$ und $\mathfrak{T}_1^*$ an $\mathfrak{K}_1^*$. Das ist so gemeint: die Ebenen $\mathfrak{S}_0^*$ und $\mathfrak{S}_1^*$ z. B. sollen nicht nur parallel sein, sondern die gerichteten Normalen aus dem Inneren von $\mathfrak{K}_0^*$ auf $\mathfrak{S}_0^*$ und aus dem Innern von $\mathfrak{K}_1^*$ auf $\mathfrak{S}_1^*$ sollen auch ihrem Sinne nach parallel laufen. Es seien Q_1^*, R_1^* zwei zu $z = 0$ symmetrische Punkte, die die Stützebenen $\mathfrak{S}_1^*$, $\mathfrak{T}_1^*$ mit $\mathfrak{K}_1^*$ gemein haben und P_1 der Halbierungspunkt der Strecke $Q_1^* R_1^*$ (Fig. 20).

Nehmen wir nun an, daß die symmetrische Schar linear ist, so sind nach dem Ergebnis von S. 94 oben die Ebenen

$$\mathfrak{S}_\vartheta^* = (1-\vartheta)\,\mathfrak{S}_0^* + \vartheta\,\mathfrak{S}_1^*,$$
$$\mathfrak{T}_\vartheta^* = (1-\vartheta)\,\mathfrak{T}_0^* + \vartheta\,\mathfrak{T}_1^*$$

Stützebenen von $\mathfrak{K}_\vartheta^*$, die mit diesem Körper die Punkte

$$Q_\vartheta^* = (1-\vartheta)\,Q_0^* + \vartheta\,Q_1^*,$$
$$R_\vartheta^* = (1-\vartheta)\,R_0^* + \vartheta\,R_1^*$$

gemein haben. Bringt man also immer die Lotrechte durch

$$P_\vartheta = (1-\vartheta)\,P_0 + \vartheta\,P_1$$

mit dem Körper $\mathfrak{K}_\vartheta^*$ zum Schnitt, der demselben ϑ entspricht, so erhält man die lineare Schar der lotrechten Strecken $Q_\vartheta^* R_\vartheta^*$, die einen oben und unten geradlinig begrenzten konvexen Bereich $\mathfrak{B}^*$ (ein Trapez) erfüllen, wenn $P_0 \neq P_1$ ist.

Bringt man nun die Lotrechte durch P_ϑ ebenso mit dem entsprechenden Körper $\mathfrak{K}_\vartheta$ zum Schnitt, so erhält man, wie sich aus der Definition der Linearschar ergibt, eine konvexe Schar von Strecken $Q_\vartheta R_\vartheta$, die für $P_0 \neq P_1$ einen konvexen Bereich $\mathfrak{B}$ erfüllen. Da aber $\mathfrak{B}^*$ aus $\mathfrak{B}$ durch Symmetrisierung entsteht und $\mathfrak{B}^*$ ein Trapez ist, so kann auch $\mathfrak{B}$ nur ein Trapez sein, d. h. die Schar der Strecken $Q_\vartheta R_\vartheta$ ist ebenfalls linear:

$$Q_\vartheta = (1 - \vartheta) Q_0 + \vartheta Q_1 ,$$
$$R_\vartheta = (1 - \vartheta) R_0 + \vartheta R_1 .$$

Aus unserem Satz über den Zusammenhang der Randpunkte einer Linearschar (S. 93 unten) ergibt sich: Ist $\mathfrak{K}_\vartheta$ eine lineare Schar konvexer Körper

$$\mathfrak{K}_\vartheta = (1 - \vartheta) \mathfrak{K}_0 + \vartheta \mathfrak{K}_1$$

und Q_ϑ eine lineare Schar von Randpunkten der $\mathfrak{K}_\vartheta$

$$Q_\vartheta = (1 - \vartheta) Q_0 + \vartheta Q_1 ,$$

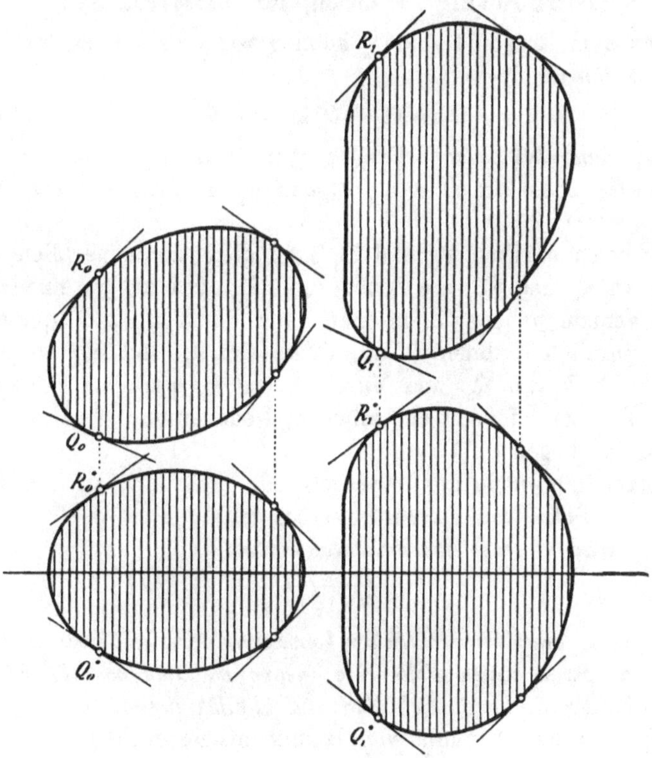

Fig. 20.

so gibt es in den Punkten Q_ϑ an die Körper $\mathfrak{K}_\vartheta$ gleichsinnig parallele Stützebenen.

Damit haben wir gefunden:

Soll eine lineare Schar

$$\mathfrak{K}_\vartheta = (1 - \vartheta)\,\mathfrak{K}_0 + \vartheta\,\mathfrak{K}_1$$

konvexer Körper mit inneren Punkten durch Symmetrisierung an einer wagerechten Ebene wieder in eine Linearschar übergehen, so ist dazu notwendig, daß sich die lotrechten Sehnen $Q_0 R_0$, $Q_1 R_1$ von $\mathfrak{K}_0$ und $\mathfrak{K}_1$ so zu Paaren anordnen lassen, daß stets durch die Punkte Q_0 und Q_1 gleichsinnig parallele Stützebenen an $\mathfrak{K}_0$ und $\mathfrak{K}_1$ existieren und gleichzeitig durch R_0 und R_1 ebenfalls.

Die Fig. 20 verdeutlicht die entsprechende Beziehung für den 2-dimensionalen Fall.

Man sieht leicht, daß die gefundene Bedingung auch hinreicht, wovon wir aber keinen Gebrauch machen werden.

V. Minkowskis Ergänzung zum Satze von Brunn

Aus dem Ergebnis von IV können wir nun den Schluß ziehen:

Eine lineare Schar

$$\mathfrak{K}_\vartheta = (1 - \vartheta)\,\mathfrak{K}_0 + \vartheta\,\mathfrak{K}_1$$

geht nur dann bei jeder beliebigen Symmetrisierung immer wieder in eine lineare Schar über, wenn $\mathfrak{K}_0$ und $\mathfrak{K}_1$ ähnlich sind und ähnlich liegen.

Es seien nämlich $\mathfrak{S}_0$ und $\mathfrak{S}_1$ zwei gleichsinnig parallele Stützebenen an $\mathfrak{K}_0$ und $\mathfrak{K}_1$, die mit $\mathfrak{K}_0$ und $\mathfrak{K}_1$ etwa nur je einen Punkt Q_0, Q_1 gemein haben. Zieht man dann durch Q_0 und Q_1 zwei beliebige parallele Sehnen $Q_0 R_0$, $Q_1 R_1$ von $\mathfrak{K}_0$ und $\mathfrak{K}_1$, so müssen stets durch R_0 an $\mathfrak{K}_0$ und durch R_1 an $\mathfrak{K}_1$ parallele Stützebenen gehen. Das ist offenbar nur möglich, wenn $\mathfrak{K}_0$ und $\mathfrak{K}_1$ ähnlich sind und ähnlich liegen.

Jetzt sind wir in der Lage, folgende Ergänzung zu dem in III. bewiesenen Satze von Brunn zu erbringen:

Die dritte Wurzel aus dem Rauminhalt

$$\sqrt[3]{J(\vartheta)}$$

der Körper $\mathfrak{K}_\vartheta$ einer linearen Schar konvexer Körper mit inneren Punkten ist nur in dem trivialen Falle eine lineare Funktion von ϑ, wenn alle Körper $\mathfrak{K}_\vartheta$ der Schar ähnlich sind und ähnlich liegen.

Dies wurde ebenfalls von Brunn ausgesprochen, aber durch Minkowski zuerst streng bewiesen. Aus unseren Überlegungen ergibt sich diese Ergänzung so: Liegen die $\mathfrak{K}_\vartheta$ nicht ähnlich, so kann man die Schar so symmetrisieren, daß die entstehende Schar symmetrischer Körper konvex, aber nicht linear ausfällt:

$$\mathfrak{K}_\vartheta^* > (1-\vartheta)\mathfrak{K}_0^* + \vartheta\mathfrak{K}_1^*$$
$$\{0 < \vartheta < 1\}.$$

Dann ist nach unserem ursprünglichen BRUNNschen Satz die Funktion

$$\varphi(\vartheta) = \sqrt[3]{J\left((1-\vartheta)\mathfrak{K}_0^* + \vartheta\mathfrak{K}_1^*\right)}$$

konvex (möglicherweise linear). Die Funktion

$$\sqrt[3]{J(\vartheta)} = \sqrt[3]{J(\mathfrak{K}_\vartheta^*)}$$

hat mit $\varphi(\vartheta)$ die Endpunkte $\vartheta = 0$, $\vartheta = 1$ gemein, hat aber für $0 < \vartheta < 1$ Werte, für die sie $> \varphi(\vartheta)$ ist, kann also nicht linear sein, w. z. b. w.

Es ist vielleicht folgende Bemerkung hier auffallend: Wenn wir den ursprünglichen Satz von BRUNN als bewiesen annehmen, so ergibt sich, wie wir das durchgeführt haben, die „Ergänzung" auf völlig elementarem Wege ohne jeden Grenzübergang einfach aus den Eigenschaften der Symmetrisierung heraus. Im Gegensatz dazu empfängt man bei den Untersuchungen von BRUNN und MINKOWSKI den Eindruck, als ob die Hauptschwierigkeit erst in der „Ergänzung" gelegen wäre. In diesem Punkte zeigt sich also STEINERs Methode der Symmetrisierung den anderen Hilfsmitteln überlegen.

VI. Ungleichheiten von Minkowski

Wir wollen darauf verzichten, die allgemeinen Ungleichheiten über den „gemischten Rauminhalt" konvexer Körper wiederzugeben, in denen MINKOWSKI den Satz von BRUNN gefaßt hat, sondern wollen uns darauf beschränken, die Folgerungen zu erwähnen, die MINKOWSKI für die Kugel gezogen hat.

Es sei $\mathfrak{K}_0$ ein konvexer Körper, dessen Begrenzungsfläche wir jetzt als stetig gekrümmt voraussetzen wollen, um die Formeln der Differentialgeometrie darauf anwenden zu können. Die äußere Parallelfläche im Abstande Eins begrenzt dann ebenfalls einen konvexen Körper $\mathfrak{K}_1$. Wir betrachten die lineare Schar konvexer Körper

$$\mathfrak{K}_\vartheta = (1-\vartheta)\mathfrak{K}_0 + \vartheta\mathfrak{K}_1,$$
$$0 \leqq \vartheta \leqq 1,$$

deren Begrenzungsflächen untereinander parallel sind, und zu der von $\mathfrak{K}_0$ die Entfernung ϑ haben.

Der Rauminhalt $J(\vartheta)$ von $\mathfrak{K}_\vartheta$ drückt sich dann nach STEINER[1] durch die Formel aus

$$J(\vartheta) = J + O\vartheta + M\vartheta^2 + \frac{4\pi}{3}\vartheta^3 .$$

Dabei bedeuten J und O Rauminhalt und Oberfläche von $\mathfrak{K}_0$. M ist eine von STEINER neu eingeführte Integralinvariante von $\mathfrak{K}_0$. das sogenannte Integral der mittleren Krümmung

$$M = \int \frac{1}{2}\left(\frac{1}{R_1} + \frac{1}{R_2}\right) d\,O ,$$

wobei der Ausdruck in der Klammer die mittlere Krümmung und $d\,O$ das Oberflächenelement von $\mathfrak{K}_0$ bedeutet.

Nach unserem Satze von BRUNN-MINKOWSKI ist die Funktion

$$\sqrt[3]{J(\vartheta)}$$

konvex und nicht linear, wenn $\mathfrak{K}_0$ und $\mathfrak{K}_1$ nicht ähnlich liegen, d. h. wenn $\mathfrak{K}_0$ keine Kugel ist.[2] Wir haben also

$$\frac{d^2 J(\vartheta)^{1/3}}{d\vartheta^2} \leqq 0 \text{ für } \textit{alle } \vartheta \geqq 0 .$$

Man findet

$$-\frac{9}{2} J(\vartheta)^{5/3} \frac{d^2}{d\vartheta^2} J(\vartheta)^{1/3} = (O^2 - 3JM) + (MO - 12\pi J)\vartheta + (M^2 - 4\pi O)\vartheta^2 .$$

Es ist also jedenfalls

$$\text{(I)} \qquad \begin{aligned} O^2 - 3\,JM &\geqq 0 , \\ M^2 - 4\pi O &\geqq 0 . \end{aligned}$$

Diese Ungleichheiten zwischen den Invarianten J, M, O rühren von MINKOWSKI her. Aus ihnen folgt unsere alte Ungleichheit von SCHWARZ

$$\text{(II)} \qquad O^3 - 36\pi J^2 \geqq 0 .$$

Für den Fall der Kugel gilt in allen drei Beziehungen das Gleichheitszeichen. Über die Gesamtheit der konvexen Körper, die in der ersten oder zweiten Ungleichheit (I) das Gleichheitszeichen ergeben, erhalten wir aus unserer Schlußweise auch durch die Ergänzung des Satzes von BRUNN keinen Aufschluß. Wohl aber erkennt man, daß in beiden Formeln (I) und daher in (II) das Gleich-

[1] Über parallele Flächen. Gesammelte Werke II, S. 173—176.

[2] Daß nur eine Kugel zu ihren Parallelkörpern ähnlich liegt, beweist man so: Es sei $\mathfrak{K}_0$ ein derartiger Körper, $\mathfrak{L}$ eine Kugel. Dann sind die Körper $(1-\vartheta)\mathfrak{K}_0 + \vartheta\mathfrak{L}$ zu den Parallelkörpern von $\mathfrak{K}_0$, also zu $\mathfrak{K}_0$ selbst ähnlich. Dann muß aber auch $\mathfrak{L} = \text{Lim}\{(1-\vartheta)\mathfrak{K}_0 + \vartheta\mathfrak{L}\}$ für $\vartheta \to 1$ zu $\mathfrak{K}_0$ ähnlich sein, w. z. b. w.

heitszeichen nur für die Kugel stimmen kann. Damit sind die Hauptergebnisse von § 19 aufs neue gewonnen.

Merken wir uns das neue Ergebnis an: *Unter allen konvexen Körpern von gegebener Oberfläche hat die Kugel das kleinste Integral der mittleren Krümmung* (MINKOWSKI).

Es sei erwähnt, daß die Gleichheit $M^2 - 4\pi O = 0$ nur für die Kugel eintritt, während, wie ebenfalls MINKOWSKI angegeben hat[1], $O^2 - 3JM = 0$ auch für gewisse nicht kugelförmige Körper möglich ist.

Die Frage, für welche konvexe Körper $O^2 - 3JM = 0$ gilt, wurde zuerst von G. BOL geklärt, Hamburg, Abhandlungen **15** (1943).

VII. Über einen zweiten Beweis für $M^2 - 4\pi O \geqq 0$.

Der im zweiten Teil dieses Buches entwickelten Theorie läßt sich eine verwandte gegenüberstellen, auf die man dadurch kommt, daß man die Symmetrisierung STEINERS, wie wir sie bisher immer verwendet haben, durch eine neue Symmetrisierung ersetzt. Wir beschränken uns darauf einiges Wenige darüber mitzuteilen.

Es sei $\mathfrak{K}$ ein beliebiger konvexer Körper, $\mathfrak{K}'$ der zu $\mathfrak{K}$ bezüglich einer Ebene $\mathfrak{S}$ symmetrische Körper. Wir finden aus $\mathfrak{K}$ und $\mathfrak{K}'$ durch Linearkombination (S. 92 unten) den Körper

$$\mathfrak{K}^* = \tfrac{1}{2}\mathfrak{K} + \tfrac{1}{2}\mathfrak{K}',$$

der $\mathfrak{S}$ als Symmetrieebene hat. *Diesen Übergang von $\mathfrak{K}$ zu $\mathfrak{K}^*$ wollen wir als neue Symmetrisierung an der Ebene $\mathfrak{S}$ einführen.*

Die drei wichtigen Eigenschaften dieser neuen Symmetrisierung sind die folgenden:

1. Der neue Körper $\mathfrak{K}^*$ ist wieder konvex.

2. Der neue Körper $\mathfrak{K}^*$ hat dasselbe Integral der mittleren Krümmung wie der alte

$$M = M^*.$$

3. Die Oberfläche des neuen Körpers $\mathfrak{K}^*$ ist stets größer als die des alten $\mathfrak{K}$

$$O < O^*,$$

wenn $\mathfrak{K}$ keine zu $\mathfrak{S}$ parallele Symmetrieebene hat. In diesem Ausnahmefall sind $\mathfrak{K}$ und $\mathfrak{K}^*$ kongruent und daher ist dann

$$O = O^*.$$

Man kann diese Eigenschaften auf ganz entsprechendem Wege beweisen, wie früher die drei Eigenschaften (S. 46) der Symmetrisierung STEINERS bewiesen wurden. Zu Punkt 2 ist dabei zu

[1] Gesammelte Abhandlungen II, S. 259.

bemerken, daß man die Definition des Integrals der mittleren Krümmung, das in VI. nur für stetig gekrümmte konvexe Körper erklärt wurde, natürlich auch auf beliebige konvexe Körper ausdehnen kann, ähnlich wie wir die Begriffe Rauminhalt und Oberfläche, die zunächst nur für Vielfache bekannt waren, auf beliebige konvexe Körper ausdehnen konnten (vgl. Formel (9) S. 110).

Genau dieselbe Überlegung, die von der alten Symmetrisierung zur Ungleichheit von Schwarz

$$O^3 - 36\pi J^2 \geqq 0$$

geführt hat, ergibt, wenn man die neue Symmetrisierung zum Ausgangspunkt nimmt, die Ungleichheit Minkowskis

$$M^2 - 4\pi O \geqq 0.$$

Auch führt die neue Symmetrisierung sofort zu der Erkenntnis, daß

$$M^2 - 4\pi O = 0$$

nur bei der Kugel eintritt.

§ 23. Ergänzungen

I. Literatur

Die grundlegenden Arbeiten zu der in diesem dritten Teil vorgetragenen Theorie sind die Schrift von Schwarz. Beweis des Satzes, daß die Kugel kleinere Oberfläche besitzt, als jeder andere Körper gleichen Volumens (Göttinger Nachrichten [1884] S. 1—13, Gesammelte Abhandlungen II [1890], S. 327—340). Dann die Schriften von Brunn „Ovale und Eiflächen" (München 1887) und „Kurven ohne Wendepunkte" (München 1889) und schließlich Minkowskis „Volumen und Oberfläche" (Mathem. Annalen **57** [1903], S. 447—495, Gesammelte Abhandlungen II [1911], S. 230—276).

Minkowskis Beweis für die Ergänzung zum Satze von Brunn ist in jüngster Zeit von J. Radon (Wiener Akademieberichte 1916) erheblich vereinfacht worden.

Die Ungleichheit $M^2 - 4\pi O \geqq 0$ hat auch Hurwitz bewiesen, und zwar mit Hilfe von Kugelfunktionen in der schon erwähnten Abhandlung „Sur quelques applications géométriques des séries de Fourier" [Annales de l'école normale supérieure (3) **19** (1902), S. 357—408]. Man vgl. dazu im folgenden S. 109. Zu dem in §§ 21, 22 Vorgetragenen vergleiche man insbesondere die neue einfache und schöne Darstellung dieses Gegenstandes in dem schon wiederholt genannten Buche von H. Hadwiger, Altes und Neues über konvexe Körper, Basel 1955.

[1] Kann übergangen werden.

Hilbert hat die Theorie von Minkowski zum Teil neu begründet mit Hilfe der Integralgleichungen in seiner sechsten „Mitteilung“ (Göttinger Nachrichten 1910, S. 355—417, abgedruckt in dem Buche: Grundzüge einer allgemeinen Theorie der linearen Integralgleichungen, Leipzig und Berlin 1912, S. 242—258).

Die Addition von endlich oder auch unendlich vielen konvexen Kurven ist für Zwecke der analytischen Zahlentheorie von H. Bohr untersucht worden; Oversigt over det Danske Videnskabernes Selskabs Forhandlinger 1913.

Elementare Beweise zum Satz von Brunn über die Querschnitte eines konvexen Körpers wurden schon auf S. 40 unten angeführt. Es sei hier in Kürze darauf hingewiesen, wie einfach man diesen Satz mittels trigonometrischer Reihen ableiten kann. Ich hatte eine solche Herleitung in den Jahresberichten der deutschen Mathematikervereinigung **23** (1914), S. 232—234 gegeben. Den folgenden noch durchsichtigeren Beweis verdanke ich Herrn W. Wirtinger.

II. Ein Lemma von Wirtinger

Es sei $f(\varphi)$ eine Funktion von der Periode 2π, deren Differentialquotient $f'(\varphi)$ von beschränkter Schwankung ist. Dann folgt aus

$$\int_0^{2\pi} f(\varphi)\,d\varphi = 0$$

die Ungleichheit

$$\int_0^{2\pi} f(\varphi)^2\,d\varphi \leqq \int_0^{2\pi} f'(\varphi)^2\,d\varphi$$

und darin gilt das = Zeichen nur, wenn $f(\varphi)$ die Form hat:

$$f(\varphi) = a\cos\varphi + b\sin\varphi.$$

Der Beweis für diesen Satz, dessen Voraussetzungen sich noch verringern lassen[1], gelingt aufs einfachste, wenn man die Fourier-Koeffizienten von $f'(\varphi)$ und $f(\varphi)$ benutzt. Es sei

$$\pi a_n = \int_0^{2\pi} f'(\varphi)\cos n\varphi \cdot d\varphi, \qquad \pi b_n = \int_0^{2\pi} f'(\varphi)\sin n\varphi \cdot d\varphi,$$

dann ergibt sich durch Integration nach Teilen für die Koeffizienten von $f(\varphi)$:

$$\alpha_n = -\frac{b_n}{n}, \qquad \beta_n = +\frac{a_n}{n}.$$

Die sogenannte Vollständigkeitsrelation des Fourierschen Orthogonalsystems gibt wegen $a_0 = \alpha_0 = 0$ die Gleichungen:

[1] Es genügt, die Integrierbarkeit von f' zu fordern

$$\int_0^{2\pi} f(\varphi)^2\, d\varphi = \pi \sum_1^\infty \left(\frac{a_n^2 + b_n^2}{n^2}\right),$$

$$\int_0^{2\pi} f'(\varphi)^2\, d\varphi = \pi \sum_1^\infty (a_n^2 + b_n^2).$$

Daraus folgt aber durch Subtraktion die Richtigkeit des Lemmas von WIRTINGER.

III. Anwendung

Es sei nun $h_0(\varphi)$ die *Stützfunktion* eines konvexen Bereichs $\mathfrak{B}_0$ in der Ebene $z = 0$, d. h. $\mathfrak{B}_0$ sei durch die Beziehungen

$$x \cos\varphi + y \sin\varphi \leqq h_0(\varphi), \qquad z = 0$$

erklärt und für jeden Wert von φ soll es mindestens einen Punkt x, y von $\mathfrak{B}_0$ geben, für den das Gleichheitszeichen gilt. Ebenso sei in der Ebene $z = 1$ ein zweiter konvexer Bereich $\mathfrak{B}_1$ mit der Stützfunktion $h_1(\varphi)$ definiert

$$x \cos\varphi + y \sin\varphi \leqq h_1(\varphi), \qquad z = 1.$$

Dann enthält die Ebene $z = \vartheta$ $(0 < \vartheta < 1)$ den Bereich $\mathfrak{B}_\vartheta$

$$x \cos\varphi + y \sin\varphi \leqq (1 - \vartheta)\, h_0(\varphi) + \vartheta\, h_1(\varphi)$$

als Durchschnitt mit der konvexen Hülle von $\mathfrak{B}_0$ und $\mathfrak{B}_1$. Es ist zu zeigen, daß die Wurzel aus dem Flächeninhalt von $\mathfrak{B}_\vartheta$

$$\sqrt{F(\vartheta)}.$$

eine konvexe Funktion ist

Man findet den Flächeninhalt F aus der Stützfunktion h durch die Formel

$$(*) \qquad 2F = \int_0^{2\pi} (h^2 - h'^2)\, d\varphi.$$

Das gibt in unserem Fall

$$F(\vartheta) = (1 - \vartheta)^2 F_0 + 2(1 - \vartheta)\vartheta M + \vartheta^2 F_1,$$

worin F_0 und F_1 die Inhalte von $\mathfrak{B}_0$ und $\mathfrak{B}_1$ und M der von MINKOWSKI eingeführte *„gemischte Flächeninhalt“* dieser beiden Bereiche ist

$$(**) \qquad 2M = \int_0^{2\pi} (h_0 h_1 - h_0' h_1')\, d\varphi.$$

Die Stützfunktion $h(\varphi)$ hat dabei stets einen Differentialquotienten (im Sinne von S. 51) und dieser ist, wie man zeigen kann, in der Tat von beschränkter Schwankung.[1]

---

[1] Jahresbericht der Mathem. Ver. **23**, S. 230.

Beachten wir nun, daß sich die Umfänge L_0 und L_1 von $\mathfrak{B}_0$ und $\mathfrak{B}_1$ durch die Formeln ausdrücken:

$$\text{(L)} \qquad L_0 = \int_0^{2\pi} h_0\, d\varphi, \quad L_1 = \int_0^{2\pi} h_1\, d\varphi,$$

so daß die Funktion

$$f(\varphi) = \frac{h_0(\varphi)}{L_0} - \frac{h_1(\varphi)}{L_1}$$

der Bedingung

$$\int_0^{2\pi} f(\varphi)\, d\varphi = 0$$

genügt.

Wenden wir auf sie das Lemma an, so findet sich

$$\text{(F)} \qquad \frac{F_0}{L_0^2} - \frac{2M}{L_0 L_1} + \frac{F_1}{L_1^2} \leqq 0$$

oder

$$M \geqq \frac{1}{2}\left\{\frac{L_1}{L_0} F_0 + \frac{L_0}{L_1} F_1\right\}.$$

Aus

$$\left\{\sqrt{\frac{L_1}{L_0} F_0} - \sqrt{\frac{L_0}{L_1} F_1}\right\}^2 \geqq 0$$

folgt aber

$$\frac{L_1}{L_0} F_0 + \frac{L_0}{L_1} F_1 \geqq 2\sqrt{F_0 F_1}$$

und daher ist schließlich

$$\text{(M)} \qquad M \geqq \sqrt{F_0 F_1}.$$

Diese von Minkowski angegebene Beziehung (M) zwischen den beiden Flächeninhalten und dem gemischten Inhalt ist der analytische Ausdruck für die Konvexität von

$$\sqrt{F(\vartheta)}.$$

Außerdem erkennt man aus unserem Lemma, daß das Gleichheitszeichen nur gilt, wenn $\mathfrak{B}_0$ und $\mathfrak{B}_1$ ähnlich sind und ähnlich liegen.

Die vorhergehende schärfere Ungleichheit (F) ist auch von Frobenius angegeben worden.[1]

Ist $\mathfrak{B}_1$ ein Kreis vom Halbmesser Eins, also

$$h_1(\varphi) = 1,$$

so wird

$$2M = L_0$$

und

$$F_1 = \pi, \quad L_1 = 2\pi$$

also ergibt sich aus (M) wieder unsere alte Formel

$$L_0^2 - 4\pi F_0 \geqq 0.$$

[1] Berliner Akademieberichte 28 (1915), S. 397.

IV. Übertragung von Wirtingers Lemma auf die Kugel

Es sei kurz darauf hingewiesen, daß es in der Geometrie auf der Kugelfläche etwas ganz Entsprechendes gibt zu dem Lemma Wirtingers und wie wir dieses mittels trigonometrischer Entwicklungen bestätigt haben, so läßt sich der entsprechende Satz mittels Kugelflächenfunktionen herleiten:

Auf einer Kugeloberfläche um den Ursprung sei eine reguläre analytische Funktion f erklärt, deren Mittelwert verschwindet:

(1) $$\int f\cdot d\omega = 0. \quad \{d\omega \text{ Flächenelement der Kugel}\}$$

Dann ist stets

(2) $$\int f^2\cdot d\omega \leqq \frac{1}{2}\int \Delta f\cdot d\omega,$$

wenn Δf den Differentialparameter erster Ordnung von E. Beltrami *bedeutet.*[1] *Das Gleichheitszeichen gilt nur dann, wenn f die Form hat:*

(3) $$f = ax + by + cz.$$

Ist nämlich

(4) $$f = X_0 + X_1 + X_2 + \dots \quad \{X_0 = 0\}$$

die Entwicklung von f in Kugelflächenfunktionen, so kann man daraus für den zweiten Differentialparameter von f mittels der Differentialgleichung der Kugelfunktionen

(5) $$\Delta_2 X_n + n(n+1)X_n = 0$$

unschwer[2] die Entwicklung herleiten

(6) $$\Delta_2 f = -\sum_1^\infty n(n+1)X_n.$$

Nach einer Formel von G. Green[3] ist aber

(7) $$\int \Delta f\cdot d\omega = -\int f\cdot \Delta_2 f\cdot d\omega.$$

Da die Kugelfunktionen ein vollständiges Orthogonalsystem bilden, ergibt sich daraus:

---

[1] Man sehe etwa G. Scheffers, Theorie der Flächen, Leipzig 1913, S. 428, wo an Stelle von $\Delta f = \Delta_{ff}$ geschrieben ist, oder G. Darboux, Leçons sur la Théorie générale des Surfaces III (Paris 1894), S. 194. Die Integrationen sind über die Gesamtoberfläche der Kugel zu erstrecken. Die Voraussetzungen könnten auch hier eingeschränkt werden.

[2] Man benutze dazu die Formel von Green $\int g\cdot\Delta_2 f\cdot d\omega = \int f\cdot\Delta_2 g\cdot d\omega$; vgl. etwa Darboux, a. a. O., S. 200.

[3] Darboux ebenda.

$$\int f^2 \cdot d\omega = \sum_1^\infty \int X_n^2\, d\omega,$$

$$\int \Delta f \cdot d\omega = \sum_1^\infty n(n+1) \int X_n^2\, d\omega.$$

Hieraus folgt weiter:

$$\int f'^2 \cdot d\omega - \tfrac{1}{2}\int \Delta f \cdot d\omega = -\tfrac{1}{2}\sum_2^\infty (n-1)(n+2)\int X_n^2\, d\omega \tag{8}$$

und in dieser Formel ist das gewünschte Ergebnis enthalten.

Will man nun daraus für die konvexen Körper die Gegenstücke zu den obigen Ungleichheiten (F) und (M) herleiten, so verwende man für das Integral der mittleren Krümmung einer konvexen Fläche mit der Stützfunktion H die Formel von MINKOWSKI:

$$M = \int H \cdot d\omega \tag{9}$$

und für die Oberfläche die von demselben Geometer stammende Formel:

$$O = \int \left(H^2 - \tfrac{1}{2}\Delta H\right) d\omega, \tag{10}$$

die ein räumliches Analogon zur Formel für den Flächeninhalt eines Bereiches ist:

$$F = \frac{1}{2}\int (h^2 - h'^2)\, d\varphi$$

und die wir gleich herleiten werden. So ergibt sich durch die ganz entsprechenden Überlegungen zu III. z. B. als Analogon zur Ungleichheit

$$L^2 - 4\pi F \geqq 0$$

aufs neue die Ungleichheit MINKOWSKIS:

$$M^2 - 4\pi O \geqq 0.$$

Ähnlich wurde diese Formel auch von HURWITZ begründet.

V. Formel von Minkowski für die Oberfläche

Ist $K = 1 : R_1 R_2$ das Krümmungsmaß, H die Stützfunktion und $d\omega$ das Flächenelement des sphärischen Bildes einer konvexen Fläche, so gilt für ihren Rauminhalt die Formel

$$J = \tfrac{1}{3}\int R_1 R_2 H\, d\omega. \tag{11}$$

Für die äußere Parallelfläche im Abstand ϱ folgt daraus

$$J(\varrho) = \tfrac{1}{3}\int (R_1 + \varrho)(R_2 + \varrho)(H + \varrho)\, d\omega.$$

Nach STEINER ist aber (S. 102)

$$J(\varrho) = J + \varrho\, O + \varrho^2 M + \varrho^3 \frac{4\pi}{3}.$$

Wir finden somit durch Vergleichung der in ϱ linearen Glieder

$$O = \tfrac{1}{3}\int \{R_1 R_2 + (R_1 + R_2) H\} d\omega. \tag{12}$$

Anderseits ist aber

$$O = \int R_1 R_2 \, d\omega$$

und, wenn man das in (12) berücksichtigt, so folgt

$$\boxed{O = \tfrac{1}{2}\int (R_1 + R_2) H \, d\omega}\,. \tag{13}$$

Will man diese Formel MINKOWSKIS mittels der Differentialparameter von H schreiben, so benutzt man die Formel von J. WEINGARTEN[1]

$$R_1 + R_2 = 2H + \Delta_2 H \tag{14}$$

und findet

$$O = \int (H + \tfrac{1}{2}\Delta_2 H) H \, d\omega. \tag{15}$$

Daraus folgt durch Anwendung der Formel (7) von GREEN das gewünschte Ergebnis

$$\boxed{O = \int (H^2 - \tfrac{1}{2}\Delta H) d\omega}\,. \tag{10}$$

Geht man hierin wieder zur Parallelfläche über, so hat man

$$O(\varrho) = O + \varrho\, 2M + \varrho^2 4\pi = \int \{(H + \varrho)^2 - \tfrac{1}{2}\Delta H\} d\omega$$

und daraus ergibt sich wieder durch Vergleichung der in ϱ linearen Glieder die vorhin erwähnte Formel (9) für das Integral der mittleren Krümmung

$$\boxed{M = \int H \, d\omega}\,. \tag{9}$$

[1] Festschrift der technischen Hochschule. Berlin 1884. Vgl. auch L. BIANCHI, Vorlesungen über Differentialgeometrie, Leipzig und Berlin 1910, S. 140.

VI. Konvexe Funktionale

Auf S. 92 wurde erklärt, wie man konvexe Körper $\mathfrak{K}_0, \mathfrak{K}_1$ linear zusammensetzt:

$$(1-\vartheta)\mathfrak{K}_0 + \vartheta\mathfrak{K}_1, \quad 0 \leqq \vartheta \leqq 1.$$

Das Ergebnis ist wieder ein konvexer Körper. Die Gesamtheit aller konvexen Körper hat also die Konvexitätseigenschaft, da man durch Linearkombination (genauer durch Linearkombination mit positiven Koeffizienten von der Summe Eins) aus zwei Elementen der Gesamtheit immer wieder ein Element der Gesamtheit erhält. Betrachtet man nur die Menge $\mathfrak{M}$ der konvexen Körper in einer festen Kugel, so hat diese Menge neben der Konvexitätseigenschaft auch die Eigenschaft der Beschränktheit und nach dem Auswahlsatz (S. 62) auch die der Abgeschlossenheit. Geradeso wie man aus Punkten konvexe Körper aufbaut, so kann man also aus konvexen Körpern höhere konvexe Gesamtheiten mit ganz entsprechenden Eigenschaften herstellen.

Wie wir nun innerhalb eines konvexen Bereichs eine konvexe Funktion definiert haben, so kann man innerhalb einer derartigen konvexen Menge $\mathfrak{M}$ aus konvexen Körpern „konvexe Funktionale" definieren und wir haben dafür ein Beispiel in der dritten Wurzel aus dem Rauminhalt:

$$\sqrt[3]{J_{\mathfrak{K}}} = V_{\mathfrak{K}}.$$

Nach dem Satze von Brunn (S. 94) ist nämlich

$$V_{(1-\vartheta)\mathfrak{K}_0 + \vartheta\mathfrak{K}_1} \geqq (1-\vartheta)V_{\mathfrak{K}_0} + \vartheta V_{\mathfrak{K}_1}$$

und diese Formel wird man neben der Beschränktheit, die hier die besondere Form

$$V_{\mathfrak{K}} \geqq 0$$

hat, als Definition der Konvexität des Funktionals V nehmen.

Mittels der Formeln von Minkowski kann man auch leicht zeigen, daß die Quadratwurzel aus der Oberfläche ein zweites Beispiel für ein konvexes Funktional ist. Dagegen ist das Integral der mittleren Krümmung ein lineares Funktional.

Man kann aber die Linearkombination konvexer Körper noch in ganz anderer Weise erklären und kommt dadurch auf neue Tatsachen. Z. B. kann man im Hinblick auf die Symmetrisierung konvexe Körper $\mathfrak{K}_0$ und $\mathfrak{K}_1$ *mit demselben Grundriß* $\mathfrak{G}$

$$\mathfrak{K}_0 \begin{cases} x, y \text{ in } \mathfrak{G}, \\ g_0(x,y) \leqq z \leqq f_0(x,y), \end{cases} \qquad \mathfrak{K}_1 \begin{cases} x, y \text{ in } \mathfrak{G}, \\ g_1(x,y) \leqq z \leqq f_1(x,y) \end{cases}$$

in folgender Weise linear zusammensetzen, daß man

$$\mathfrak{K}_\vartheta = (1-\vartheta)\,\mathfrak{K}_0 + \vartheta\,\mathfrak{K}_1$$

durch die Bedingungen erklärt

$$\mathfrak{K}_\vartheta \begin{cases} x, y \text{ in } \mathfrak{G}, \\ (1-\vartheta) g_0 + \vartheta g_1 \leqq z \leqq (1-\vartheta) f_0 + \vartheta f_1. \end{cases}$$

Gegenüber dieser neuen Linearkombination ist das Funktional $J_{\mathfrak{K}}$ linear und $O_{\mathfrak{K}}$ nach unten konvex.

Schließlich kann man die lineare Zusammensetzung beliebiger konvexer Körper auch noch so erklären, daß $O_{\mathfrak{K}}$ ein lineares Funktional wird. Gibt man nämlich den reziproken Wert des Gaussischen Krümmungsmaßes $1:K = R_1 R_2$ der Begrenzungsfläche von $\mathfrak{K}$ als Funktion der äußeren Normalenrichtung $\alpha:\beta:\gamma$ an, so ist $\mathfrak{K}$ nach Minkowski bis auf Parallelverschiebungen eindeutig bestimmt (S. 164 oben). Daher kann man die Linearkombination der konvexen Körper auch dadurch erklären, daß man an Stelle der Stützfunktionen die zugehörigen Funktionen $1:K$ auf der Einheitskugel $\alpha^2 + \beta^2 + \gamma^2 = 1$ linear kombiniert. Dann wird die Oberfläche

$$O = \int \frac{d\omega}{K}$$

$\{d\omega$ Flächenelement der Kugel$\}$

offenbar ein lineares Funktional und $\sqrt[3]{J}$ ist auch in diesem Falle konvex, wie G. Herglotz mittels der Formeln von Hilbert zur Minkowskischen Theorie[1] gezeigt hat.

Vielleicht wäre es lohnend allgemein die Eigenschaften „konvexer Variationsprobleme“ zu untersuchen.

Besonders schöne Untersuchungen zum isoperimetrischen Problem hat E. Schmidt in den Jahren 1939—1948 in der Mathematischen Zeitschrift, den Mathematischen Nachrichten und in den Mathematischen Annalen veröffentlicht. Dazu viele Schriften seines griechischen Schülers A. Dinghas 1939—1949.

---

[1] Vgl. das Zitat auf S. 105 oben.

Vierter Teil.

Neue Aufgaben über Extreme bei konvexen Körpern.

§ 24. Bestimmung der größten Kugel, die in einer konvexen Fläche unbehindert rollen kann.

I. Über Differentialgeometrie im großen.

Die Begriffe „konvexer Bereich" (auch kürzer „Eibereich") und „konvexer Körper" (oder „Eikörper") geben außer zu den behandelten isoperimetrischen Problemen noch Anlaß zu einer Fülle von Aufgaben über Extreme, von denen manche ganz elementarer Art sind, während andere zu verwickelten Variationsproblemen führen. Die Ergebnisse, zu denen man dabei kommt, gehören, wie man sich auszudrücken pflegt, zur „*Differentialgeometrie im großen*". Während nämlich die meisten Lehrsätze der Differentialgeometrie sich auf eine genügend enge Nachbarschaft eines Elements des betrachteten geometrischen Gebildes beziehen[1], handeln die Sätze, die hier aufgestellt werden sollen, von den Begrenzungskurven und Begrenzungsflächen konvexer Bereiche und konvexer Körper in ihrer ganzen Ausdehnung.

Man kann sich den Unterschied dieser beiden Arten von Fragestellungen an einem Beispiele verdeutlichen. Seit Gauss behandelt man in der Differentialgeometrie vielfach die *Verbiegung* krummer Flächen, d. h. solche Formänderungen, bei denen die Bogenlängen aller auf den Flächen gezogenen Kurven unverändert erhalten bleiben. Man kann nun zeigen, daß ein genügend kleines Stück einer „Fläche", von der man gewisse Regularitätseigenschaften vorauszusetzen pflegt, stets auf unendlich viele Arten verbogen werden kann. Ganz anders steht es mit krummen Flächen in ihrer gesamten Ausdehnung. Da weiß man über die Verbiegbarkeit noch nicht allzuviel. Doch haben

[1] Wir werden im folgenden die Anfangsgründe dieser Differentialgeometrie „im kleinen" als bekannt voraussetzen. Man vergleiche hier und im folgenden etwa W. Blaschke, Einführung in die Differentialgeometrie, Springer-Verlag 1950.

H. Liebmann, Hilbert, Weyl, Cohn-Vossen, Blaschke, Herglotz, Caccioppoli, A. D. Alexandrow, Pogorelow, Rembs, Grotemeyer und andre diese Fragen gefördert und zum Beispiel bewiesen, daß man eine Eifläche ohne sie einzuknicken nicht „verbiegen" kann[1].

Naturgemäß bringen solche Fragen nach dem Zusammenhang zwischen den Eigenschaften im unendlich kleinen und der Gesamtausdehnung der geometrischen Gebilde, also die Fragen der Differentialgeometrie im großen[2], erhebliche Schwierigkeiten mit sich. Dafür sind sie aber auch viel naturgemäßer und interessanter, so daß man die ganze Differentialgeometrie im kleinen, der z. B. das große Lehrbuch von L. Bianchi fast ausschließlich gewidmet ist, wenn man so will, nur als eine Vorarbeit dazu ansehen kann.

Gerade die einfachsten dieser Fragestellungen im großen lassen sich an die geschlossenen konvexen Flächen, das sind die Begrenzungsflächen der konvexen Körper, anschließen. Wir gehen hier z. B. darauf aus, den Zusammenhang herzustellen zwischen dem größten und kleinsten Wert des Gaussischen Krümmungsmaßes auf einer solchen Fläche und ihrer Gesamtausdehnung.

Mit diesem Ziel vor Augen wollen wir aber zunächst in diesem Abschnitt einige naheliegende Sätze aufstellen, die wir später werden verwenden können.

II. Kleinster und größter Krümmungskreis einer konvexen Kurve.

Die Begrenzung eines konvexen Bereiches mit inneren Punkten wird durch eine ***konvexe Kurve*** $\mathfrak{G}$ gebildet. Da wir die konvexen Bereiche immer als beschränkt annehmen, wollen wir die konvexen Kurven immer als geschlossen voraussetzen, obwohl einiges von dem Folgenden ohne weiteres auch für offene derartige Kurven gültig bliebe.

Wir wollen annehmen, daß die Krümmung auf der Kurve $\mathfrak{G}$ sich stetig ändere. Dann gibt es auf der Kurve (mindestens) einen Punkt mit kleinstem und (mindestens) einen mit größtem Krümmungskreis, der auch in eine Gerade ausarten kann. Dabei nennt man einen Kreis den Krümmungskreis von $\mathfrak{G}$ in P, wenn er $\mathfrak{G}$ in P berührt und wenn sein Halbmesser gleich dem reziproken Wert der Krümmung von $\mathfrak{G}$ in P ist.

[1] Vgl. den Anhang, S. 162, 163.

[2] Zu Problemen der Differentialgeometrie im Großen vergleiche man insbesondere: Shiing-Shen Chern, Topics in Differential Geometry (mimeographed). Princeton 1951.

Nehmen wir nun zwei stetig gekrümmte konvexe Kurven $\mathfrak{G}$ und $\mathfrak{G}_0$, die sich in einem Punkte S berühren und hier zur selben Seite ihrer gemeinsamen Tangente liegen (Fig. 21). Wir denken uns $\mathfrak{G}$ und $\mathfrak{G}_0$ beide im positiven Sinne umlaufen und die Tangenten an diese beiden Kurven entsprechend gerichtet. Dann gilt folgender Satz:

Berühren sich zwei positiv umlaufene stetig gekrümmte konvexe Kurven $\mathfrak{G}$ und $\mathfrak{G}_0$ in einem Punkte S gleichsinnig und ist in Punkten mit gleichsinnig parallen Tangenten die Krümmung von $\mathfrak{G}$ immer $\geqq$ der Krümmung von $\mathfrak{G}_0$, so ist die Kurve $\mathfrak{G}$ ganz in dem von $\mathfrak{G}_0$ umgrenzten konvexen Bereich enthalten.

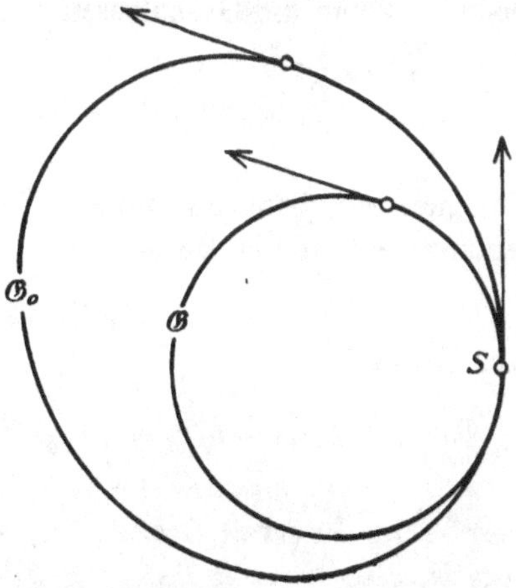

Fig. 21.

Zum Beweise verwenden wir die „Stützfunktion", die wir schon S. 106 eingeführt haben, die die Entfernung der Tangente von einem festen Punkt (etwa dem Punkt S) mit einer festen Richtung (etwa der Tangente in S) angibt. Es seien $h(\tau)$, $h_0(\tau)$ diese beiden Funktionen, dann ist infolge der Anfangsbedingungen

$$h(0) = 0, \quad h'(0) = 0;$$
$$h_0(0) = 0, \quad h_0'(0) = 0.$$

Wir haben aus der Stützfunktion $h(\tau)$ noch den Krümmungshalbmesser $\varrho(\tau)$ zu berechnen. Für einen Kreis ist

$$h(\tau) = \varrho(1 - \cos\tau)$$

und daher

$$\varrho = h + h''.$$

Da es bei der Berechnung des Krümmungshalbmessers nur bis auf zweite Ableitungen ankommt, so gilt diese Formel

(1) $$\varrho(\tau) = h(\tau) + h''(\tau)$$

für beliebige Kurven.

Ist umgekehrt $\varrho(\tau)$ bekannt, so findet man $h(\tau)$ durch Integration der linearen Differentialgleichung (1) zweiter Ordnung unter den Anfangsbedingungen $h(0) = h'(0) = 0$. Man erhält

(2) $$h(\tau) = \int_0^\tau \varrho(\sigma) \sin(\tau - \sigma)\, d\sigma.$$[1]

Da diese Funktion die Periode 2π besitzen muß, finden wir als Bedingung für die Geschlossenheit

$$\int_{-\pi}^{+\pi} \varrho(\sigma) \cos\sigma\, d\sigma = 0, \qquad \int_{-\pi}^{+\pi} \varrho(\sigma) \sin\sigma\, d\sigma = 0.$$

Kommen wir jetzt auf unsere Behauptung zurück! Nach Voraussetzung besteht die Beziehung

(3) $$\varrho_0(\tau) - \varrho(\tau) \geqq 0.$$

Aus (2) folgt

$$h_0(\tau) - h(\tau) = \int_0^\tau \{\varrho_0(\sigma) - \varrho(\sigma)\} \sin(\tau - \sigma)\, d\sigma.$$

Liegt τ im Intervall $0 \leqq \tau \leqq \pi$, so ist nach (3) der Integrand nicht negativ, also

(4) $$h_0(\tau) \geqq h(\tau)$$

und ähnlich ergibt sich dieselbe Beziehung auch für $-\pi \leqq \tau \leqq 0$. Nach (4) ist aber tatsächlich $\mathfrak{G}$ in $\mathfrak{G}_0$ enthalten, wie behauptet war.

Merken wir einige Folgerungen an:

Zeichnet man zu einer konvexen Kurve $\mathfrak{G}_0$ einen Kreis, der die Kurve von innen berührt, so ragt der Kreis nicht aus $\mathfrak{G}_0$ heraus, wenn sein Halbmesser $\leqq$ allen Krümmungshalbmessern von $\mathfrak{G}_0$ ist.

Wird ein Kreis von einer konvexen Kurve $\mathfrak{G}$ von innen berührt, so liegt $\mathfrak{G}$ ganz im Kreise, wenn sein Halbmesser $\geqq$ allen Krümmungshalbmessern von $\mathfrak{G}$ ist.

Als weitere Sonderfälle ergeben sich Beziehungen, die zum Teil schon Hurwitz mittels trigonometrischer Reihen hergeleitet hat:

Umfang und Flächeninhalt einer stetig gekrümmten konvexen Kurve liegen zwischen Umfang und Flächeninhalt des kleinsten und größten ihrer Krümmungskreise.

[1] Man kann, indem man die Bogenlänge s einführt, diese Formel auch in der Form schreiben

$$h(\tau) = \int_0^\tau \sin(\tau - \sigma) \cdot ds(\sigma),$$

wodurch sie auch in dem Falle ohne weiteres anwendbar bleibt, daß es Punkte mit verschwindender Krümmung gibt.

Wir gehen jetzt darauf aus, diese Sätze auf die räumliche Geometrie zu übertragen, und schalten zunächst eine kleine Hilfsbetrachtung ein.

III. Ein duales Gegenstück der Formel von Euler über die Flächenkrümmung

Es sei P eine reguläre Stelle einer krummen Fläche und $\mathfrak{T}$ eine Tangente durch P. Wir legen an die Fläche den berührenden Zylinder, dessen Erzeugende die Richtung von $\mathfrak{T}$ haben und bestimmen den zu $\mathfrak{T}$ gehörigen Krümmungshalbmesser R des Normalschnittes dieses Zylinders. Wir wollen feststellen, nach welchem Gesetz sich R bei der Richtungsänderung von $\mathfrak{T}$ ändert.

Da Alles nur bis auf zweite Ableitungen ankommt, können wir die Fläche durch das anschmiegende Paraboloid ersetzen und dessen Gleichung durch geeignete Achsenwahl auf die Form bringen:

$$2z = \frac{x^2}{R_1} + \frac{y^2}{R_2}\,. \tag{5}$$

P fällt dann in den Ursprung und R_1, R_2 sind die Hauptkrümmungshalbmesser der gegebenen Fläche in P. Die Gleichung der Tangentenebene an das Paraboloid im Punkt x, y, z hat in den laufenden Koordinaten ξ, η, ζ die Form:

$$z + \zeta = \frac{x\,\xi}{R_1} + \frac{y\,\eta}{R_2} \tag{6}$$

und die Stellung dieser Tangentenebene wird durch die Verhältnisse

$$\frac{x}{R_1} : \frac{y}{R_2} : -1 \tag{7}$$

festgelegt. Setzen wir anderseits diese Richtungskosinus der Normalen unseres Paraboloids in der Form an

$$\cos\alpha \sin\varphi : \sin\alpha \sin\varphi : -\cos\varphi\,,$$

so finden wir durch Vergleich mit (7) für die Koordinaten des Berührungspunkts

$$x = R_1 \cos\alpha \operatorname{tg}\varphi\,, \qquad y = R_2 \sin\alpha \operatorname{tg}\varphi\,. \tag{8}$$

Die Entfernung h der Tangentenebene (6) oder

$$z + \zeta = (\xi \cos\alpha + \eta \sin\alpha) \operatorname{tg}\varphi \tag{9}$$

von P ist daher gleich

$$h = z \cos\varphi = (R_1 \cos^2\alpha + R_2 \sin^2\alpha) \frac{\sin^2\varphi}{2\cos\varphi}\,. \tag{10}$$

Der gesuchte Krümmungshalbmesser R ist nach unserer Formel (1) S. 115 daraus zu berechnen

$$R = \left[h + \frac{\partial^2 h}{\partial \varphi^2}\right]_{\varphi = 0}.$$

Man findet

$$R = R_1 \cos^2 \alpha + R_2 \sin^2 \alpha . \tag{11}$$

Das ist das Ergebnis, das wir später benutzen wollen und das der bekannten Formel EULERS für die Krümmungshalbmesser der Normalschnitte

$$\frac{1}{\varrho} = \frac{\cos^2 \alpha}{R_1} + \frac{\sin^2 \alpha}{R_2} \tag{12}$$

in gewissem Sinne dual gegenübersteht.

Bemerken wir noch: *Sind* $R_1 > 0$ *und* $R_2 > 0$, *so folgt aus* (11)

$$R_1 \leqq R \leqq R_2 . \tag{13}$$

IV. Lösung der räumlichen Frage

Es sei nun $\mathfrak{F}$ eine konvexe Fläche, d. h. die Begrenzungsfläche eines konvexen Körpers mit inneren Punkten.[1] Wir wollen $\mathfrak{F}$ als *stetig gekrümmt* voraussetzen, d. h. die GAUSSische Krümmung (das Krümmungsmaß)

$$\frac{1}{R_1} \cdot \frac{1}{R_2}$$

und die mittlere Krümmung

$$\frac{1}{R_1} + \frac{1}{R_2}$$

sollen auf $\mathfrak{F}$ stetige Funktionen sein.

Wir wollen uns folgende Frage vorlegen:

Es soll R derart möglichst groß bestimmt werden, daß man zu jedem beliebigen Punkt P von $\mathfrak{F}$ die Kugel vom Halbmesser R konstruieren kann, die $\mathfrak{F}$ in P von innen berührt, ohne daß sie aus $\mathfrak{F}$ herausragt.

Man kann das auch so ausdrücken: Es soll der Halbmesser der möglichst großen Kugel bestimmt werden, die innerhalb von $\mathfrak{F}$ unbeschränkt herumrollen kann.

Es ist ohne weiteres klar, daß R nicht größer sein kann, als die Krümmungshalbmesser der Normalschnitte im Berührungspunkt P mit $\mathfrak{F}$, denn sonst dringt $\mathfrak{F}$ ins Innere der Kugel ein. R ist also sicher kleiner oder gleich dem Minimum aller dieser Krümmungshalbmesser für alle Punkte P von $\mathfrak{F}$. Wir wollen nachweisen, daß die Gleichheit stattfindet:

Der gesuchte Halbmesser R ist gleich dem kleinsten der Hauptkrümmungshalbmesser in allen Punkten von $\mathfrak{F}$.

[1] „Konvexe Fläche" bedeutet hier danach stets *geschlossene* konvexe Fläche.

Dazu ist nur zu zeigen, daß eine so große Kugel, die 𝔉 in einem beliebigen Punkte P berührt, nicht aus 𝔉 herausragt oder, was auf dasselbe hinausläuft, daß 𝔉 in keine dieser Kugeln eindringt. Machen wir die gegenteilige Annahme, daß ein Punkt Q von 𝔉 im Innern der in P berührenden Kugel liege. Wir bestimmen die Richtung (oder, wenn es deren mehrere gibt, eine Richtung) parallel zu den Tangentenebenen an 𝔉 in P und in Q und projizieren 𝔉 und die Kugel auf eine zu dieser Richtung senkrechte Ebene. Der Umriß des entstehenden Normalrisses von 𝔉 sei 𝔊 und der Umriß des Normalrisses von unserer Kugel heiße 𝔎. 𝔎 ist dann ein Kreis, der 𝔊 im Normalriß P' von P berührt und 𝔊 geht durch den Normalriß Q' von Q, der im Innern von 𝔎 liegt. Anderseits sind nach (13) die Krümmungshalbmesser von 𝔊 alle $\geqq R$ und daher müßte nach den Ergebnissen von II. der 𝔊 in P' berührende Kreis vom Halbmesser R in 𝔊 liegen. Wir kommen also auf einen Widerspruch.

In ganz ähnlicher Weise kann man den entsprechenden Satz beweisen über die Kugeln, die von 𝔉 von innen her berührt werden und 𝔉 enthalten. Wir können diese Tatsache etwa so in Worte kleiden:

Die kleinste Kugel, in der 𝔉 unbeschränkt rollen kann, hat den größten Hauptkrümmungshalbmesser von 𝔉 als Halbmesser.

Verschwindet an einer Stelle von 𝔉 das Krümmungsmaß der Fläche, so existiert kein Maximum des Hauptkrümmungshalbmessers und dann gibt es auch keine Kugel, die die verlangte Eigenschaft hätte.

§ 25. Krümmungsbeschränkungen bei konvexen Flächen [1]

I. Problemstellung und Zurückführung auf Drehflächen

Es soll jetzt folgende Aufgabe gelöst werden:

Von einer stetig gekrümmten konvexen Fläche 𝔉 sei bekannt: (A), daß für das Gauss*ische Krümmungsmaß K in allen Punkten von 𝔉 die Beziehung gilt:*

$$K \geqq \frac{1}{A^2}$$

und (B), daß sich eine Kugel vom Halbmesser R angeben läßt, die nicht aus 𝔉 heraustritt.

Gesucht wird unter diesen Einschränkungen für 𝔉 die obere Grenze der Entfernung zweier Punkte von 𝔉.

---

[1] Vgl. des Verfassers: Aufgaben der Differentialgeometrie im großen, Sitzungsberichte der Berliner Mathem. Gesellsch. 15 (1916), S. 62—69.

Bezeichnet man, wie das üblich ist, das Maximum der Entfernung zweier Punkte einer beschränkten und abgeschlossenen Menge als „*Durchmesser*" der Menge, so kann man die Aufgabe so fassen: *Gesucht wird die obere Grenze des Durchmessers von* $\mathfrak{F}$.

Man kann den Durchmesser D von $\mathfrak{F}$ auch noch ein wenig anders erklären. Sind nämlich P und Q zwei Punkte von $\mathfrak{F}$ mit der Entfernung D, so liegt $\mathfrak{F}$ im Durchschnittskörper der beiden Kugeln, die in P und Q ihre Mittelpunkte haben und beide den Halbmesser D besitzen. Daraus folgt aber sofort, daß die Tangentenebenen in P und Q an $\mathfrak{F}$ parallel laufen müssen und auf der Verbindungsstrecke PQ senkrecht stehen. Man kann demnach feststellen: *Der Durchmesser D einer konvexen Fläche $\mathfrak{F}$ ist auch gleich der größten Entfernung paralleler Tangentenebenen von* $\mathfrak{F}$.

Es soll nun gezeigt werden: *Mittels der Konstruktion von H. A. Schwarz* (vgl. S. 87) *gelingt es, jede stetig gekrümmte konvexe Fläche $\mathfrak{F}$, die den Voraussetzungen (A) und (B) genügt, in eine stetig gekrümmte konvexe Drehfläche überzuführen, die ebenfalls den Bedingungen (A) und (B) genügt und denselben Durchmesser hat wie die ursprüngliche Fläche.*

Wenn das als richtig erkannt ist, so hat man die obere Grenze des Durchmessers nur mehr unter den Drehflächen zu suchen.

II. Anwendung der Konstruktion von Schwarz

Die Konstruktion von Schwarz wird in folgender Weise benutzt. Es seien P und Q zwei Punkte von $\mathfrak{F}$, deren Entfernung dem Durchmesser D von $\mathfrak{F}$ gleich ist. Wir führen den von $\mathfrak{F}$ begrenzten konvexen Körper $\mathfrak{K}$ durch die Schwarzsche Konstruktion über in den Drehkörper $\bar{\mathfrak{K}}$, der die Verbindungsgerade $\mathfrak{a}$ von P und Q zur Drehachse hat. Dann werden also $\mathfrak{K}$ und $\bar{\mathfrak{K}}$ von jeder Ebene senkrecht zu $\mathfrak{a}$ in flächengleichen konvexen Bereichen geschnitten, das war ja die Definitionseigenschaft dieser Konstruktion. Zu zeigen ist:

1. *$\bar{\mathfrak{K}}$ ist wieder konvex und stetig gekrümmt;*

2. *wenn auf der Begrenzungsfläche $\mathfrak{F}$ von $\mathfrak{K}$ für das Gaussische Krümmungsmaß die Beziehung $K \geqq 1 : A^2$ gilt, so gilt dieselbe Beziehung auch auf der Begrenzungsfläche $\bar{\mathfrak{F}}$ von $\bar{\mathfrak{K}}$;*

3. *wenn $\mathfrak{F}$ eine Kugel vom Halbmesser R enthält, so enthält $\bar{\mathfrak{F}}$ sicher eine ebenso große Kugel;*

4. *die Durchmesser von $\mathfrak{F}$ und $\bar{\mathfrak{F}}$ sind einander gleich.*

Gehen wir diese Punkte der Reihe nach durch! Daß $\bar{\mathfrak{K}}$ wieder konvex ist, hat Brunn bewiesen und wurde auch auf S. 90 bestätigt.

Daß $\bar{\mathfrak{K}}$ wieder stetig gekrümmt ist, kann man sofort sehen, wenn man die Konstruktion von SCHWARZ in eine Formel faßt und die bekannten Regeln der Differentiation unter dem Integralzeichen anwendet.

Den schwierigsten zweiten Punkt versparen wir auf später. Der Nachweis wird uns gelingen, indem wir, wie das schon früher (§ 21) benutzt wurde, die Konstruktion von SCHWARZ durch Wiederholung und Grenzübergang aus STEINERS Symmetrisierung ableiten.

Nr. 3 ist offenkundig: Wenden wir auf eine in $\mathfrak{F}$ enthaltene Kugel vom Halbmesser R die Konstruktion von SCHWARZ an, so geht sie wieder in eine Kugel vom selben Halbmesser über, die in $\bar{\mathfrak{F}}$ liegt, w. z. b. w.

Wir wenden uns zum letzten Punkt:

III. Invarianz des Durchmessers

Die Drehachse $\mathfrak{a}$ von $\bar{\mathfrak{F}}$ enthielt die beiden Punkte P und Q von $\mathfrak{F}$, deren Entfernung gleich dem Durchmesser D von $\mathfrak{F}$ war. Die Ebenen senkrecht zu $\mathfrak{a}$ in P und Q sind also Tangentenebenen von $\mathfrak{F}$ (vgl. S. 120) und die SCHWARZsche Konstruktion spielt sich ganz zwischen diesen beiden Ebenen ab, die deshalb auch Tangentenebenen von $\bar{\mathfrak{F}}$ sind, wieder mit P und Q als Berührungspunkten. Der Durchmesser $\bar{D}$ von $\bar{\mathfrak{F}}$ ist somit jedenfalls $\geqq PQ = D$. Wenn wir außerdem zeigen können, daß auch $\bar{D} \leqq D$ sein muß, so wird damit die Gleichheit der beiden Durchmesser erwiesen sein.

Wir wollen allgemein zeigen:

Geht $\bar{\mathfrak{F}}$ aus $\mathfrak{F}$ irgendwie durch die Konstruktion von SCHWARZ hervor[1]*, so besteht zwischen den zugehörigen Durchmessern die Beziehung:*

$$\bar{D} \leqq D.$$

Zu dem Ende beweisen wir zuerst den folgenden Satz von L. BIEBERBACH[2], der die entsprechende Eigenschaft der Symmetrisierung aussagt:

Bei STEINERS Symmetrisierung wird der Durchmesser verringert oder wenigstens nicht vergrößert.

Es sei $\mathfrak{K}$ der ursprüngliche Körper und $\bar{\mathfrak{K}}$ der an einer wagerechten Ebene $\mathfrak{S}$ symmetrisierte. $\bar{P}$ und $\bar{Q}$ seien zwei Punkte von

[1] Das ist natürlich so gemeint, daß die von $\mathfrak{F}$ und $\bar{\mathfrak{F}}$ umschlossenen konvexen Körper durch die SCHWARZsche Konstruktion verknüpft sind.

[2] Über eine Extremaleigenschaft des Kreises, DMV-Jahresbericht **24** (1915), S. 247—250.

$\tilde{\mathfrak{K}}$ mit der größten Entfernung $\tilde{D}$. Durch $\tilde{P}$ und $\tilde{Q}$ legen wir die Lotrechten. Ihre obersten Schnittpunkte mit $\mathfrak{K}$ seien P_2 und Q_1, die untersten P_1 und Q_2. Dann ist, wie man aus der Figur 22 sieht[1]

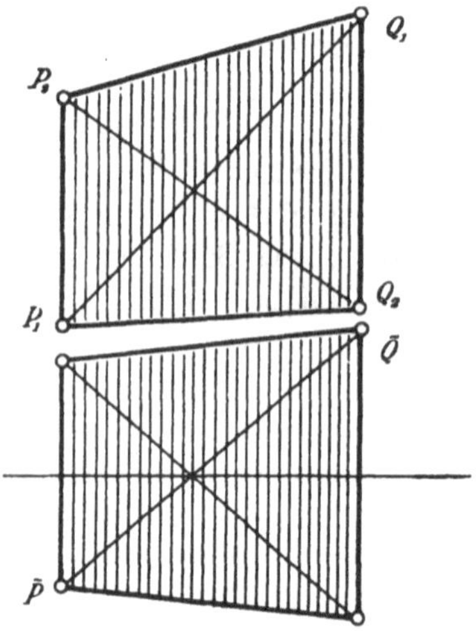

Fig. 22.

$$2\,\tilde{P}\tilde{Q} \leqq P_1 Q_1 + P_2 Q_2,$$

und daraus

$$\tilde{D} \leqq D,$$

w. z. b. w.

Nun erkennt man anderseits sofort, daß der Durchmesser $D_{\mathfrak{K}}$ eines konvexen Körpers $\mathfrak{K}$ ein stetiges Funktional ist, stetig in demselben Sinne, wie wir das von Inhalt und Oberfläche (S. 61) erwiesen haben, daß nämlich aus

$$\mathfrak{L} = \lim_{n \to \infty} \mathfrak{K}_n$$

folgt

$$D_{\mathfrak{L}} = \lim_{n \to \infty} D_n.$$

Nehmen wir nämlich für die Konvergenz die Definition mittels des Nachbarschaftsmaßes (vgl. S. 60), so erkennt man sofort, daß

$$| D_{\mathfrak{K}_1} - D_{\mathfrak{K}_2} | \leqq 2\,N(\mathfrak{K}_1, \mathfrak{K}_2)$$

ist, und darin liegt schon die Stetigkeit.

Leiten wir nun wieder die Schwarzsche Konstruktion durch Grenzübergang aus der Steinerschen ab, dadurch, daß wir abwechselnd an zwei Ebenen $\mathfrak{S}_1$, $\mathfrak{S}_2$ symmetrisieren, deren Winkel ein irrationales Vielfaches von π ist (vgl. S. 86), so bilden die Durchmesser der entstehenden Körper eine abnehmende Folge

$$D \geqq D_1 \geqq D_2 \geqq D_3 \geqq \ldots$$

und daraus folgt das gewünschte Ergebnis

$$\tilde{D} = \lim_{n \to \infty} D_n \leqq D.$$

IV. Ein Satz von Bieberbach

Aus der von Bieberbach angegebenen Eigenschaft der Symmetrisierung ergibt sich, wie wir bei dieser Gelegenheit einschalten können, eine ebenfalls von Bieberbach angegebene Maximumeigenschaft der Kugel:

[1] Man führt dies durch eine Parallelverschiebung darauf zurück, daß in zwei Dreiecken von gleicher Grundlinie und Höhe das gleichschenklige den kleineren Umfang hat.

Unter allen konvexen Körpern gegebenen Durchmessers hat die Kugel den größten Rauminhalt.

Anders ausgedrückt:

Zwischen Inhalt und Durchmesser eines konvexen Körpers[1] *gilt die Beziehung*

$$\text{(B)} \qquad \frac{\pi}{6} D^3 - J \geqq 0$$

und das Gleichheitszeichen gilt nur im Falle der Kugel.

Ist nämlich $\mathfrak{K}$ ein beliebiger konvexer Körper, so können wir daraus durch Symmetrisierung an drei paarweise zueinander senkrechten Ebenen einen neuen konvexen Körper $\bar{\mathfrak{K}}$ ableiten, der den Schnittpunkt der Ebenen zum Mittelpunkt hat. Zwischen den Inhalten und Durchmessern der beiden Körper bestehen die Beziehungen

$$J = \bar{J}, \qquad D \geqq \bar{D}.$$

Um daher den Beweis für

$$\frac{\pi}{6} D^3 - J \geqq 0$$

zu erbringen, braucht man nur

$$\frac{\pi}{6} \bar{D}^3 - \bar{J} \geqq 0$$

nachzuweisen. Schlägt man aber um den Mittelpunkt von $\bar{\mathfrak{K}}$ eine Kugel mit dem Durchmesser $\bar{D}$, so muß diese Kugel $\bar{\mathfrak{K}}$ enthalten und daraus ergibt sich sofort die letzte Ungleichheit. Läge nämlich ein Punkt von $\bar{\mathfrak{K}}$ außerhalb dieser Kugel, so gehörte auch sein Spiegelpunkt am gemeinsamen Mittelpunkt zu $\bar{\mathfrak{K}}$ und die Entfernung dieser beiden symmetrischen Punkte wäre größer als der Durchmesser $\bar{D}$.

Um zu erkennen, daß in (B) das Gleichheitszeichen nur für die Kugel gilt, hat man etwa den folgenden Hilfssatz zu beweisen, was keine Schwierigkeiten macht (vgl: Fig. 22):

Erhält man durch Symmetrisierung aus einem konvexen Körper eine Kugel, so hatte der ursprüngliche Körper, wenn er nicht selbst schon kugelig ist, größeren Durchmesser:

$$D > \bar{D}.$$

V. Verhalten des Krümmungsmaßes bei der Symmetrisierung

Ähnlich wie wir in III. die Invarianz des Durchmessers gezeigt haben, können wir jetzt auch noch den allein ausständigen zweiten

[1] Die Übertragung auf nichtkonvexe Punktmengen ist trivial; man braucht dazu nur die konvexen Hüllen (S. 54) heranzuziehen.

Punkt von den auf S. 120 unten aufgestellten Behauptungen über die Konstruktion von SCHWARZ erledigen. Wir wollen zunächst zeigen:

Symmetrisiert man einen konvexen Körper $\mathfrak{K}$ mit stetig gekrümmter Begrenzungsfläche $\mathfrak{F}$, so erhält man einen konvexen Körper $\tilde{\mathfrak{K}}$, dessen Begrenzungsfläche $\tilde{\mathfrak{F}}$ wieder stetig gekrümmt ist. Sind ferner $1 : A^2$ und $1 : \tilde{A}^2$ die kleinsten Werte der GAUSSischen Krümmungsmaße auf $\mathfrak{F}$ und $\tilde{\mathfrak{F}}$, so ist

$$\frac{1}{A^2} \leqq \frac{1}{\tilde{A}^2} .$$

Wir denken uns $\mathfrak{K}$ in einer Form gegeben, ähnlich wie wir dies seit § 16, S. 51 immer angesetzt haben

$$\mathfrak{K} \begin{cases} x, y \text{ im konvexen Bereich } \mathfrak{G}, \\ -g(x, y) \leqq z \leqq f(x, y), \end{cases}$$

wo f und g in $\mathfrak{G}$ definierte konvexe Funktionen sind. Durch Symmetrisierung an $z = 0$ erhalten wir daraus

$$\tilde{\mathfrak{K}} \begin{cases} x, y \text{ im konvexen Bereich } \mathfrak{G}, \\ -\tfrac{1}{2}\{f(x, y) + g(x, y)\} \leqq z \leqq \tfrac{1}{2}\{(f(x, y) + g(x, y)\}. \end{cases}$$

Betrachten wir zunächst die Krümmungsmaße an Stellen, deren Grundriß x, y ins Innere von $\mathfrak{G}$ fällt. Wir setzen

$$K(\vartheta) = \frac{r t - s^2}{(1 + p^2 + q^2)^2} ,$$

worin

$$p = (1 - \vartheta)\frac{\partial f}{\partial x} + \vartheta\frac{\partial g}{\partial x} = (1 - \vartheta)\, p_0 + \vartheta\, p_1 ,$$

$$q = (1 - \vartheta)\frac{\partial f}{\partial y} + \vartheta\frac{\partial g}{\partial y} = (1 - \vartheta)\, q_0 + \vartheta\, q_1 ,$$

$$r = (1 - \vartheta)\frac{\partial^2 f}{\partial x^2} + \vartheta\frac{\partial^2 g}{\partial x^2} = (1 - \vartheta)\, r_0 + \vartheta\, r_1 ,$$

$$s = (1 - \vartheta)\frac{\partial^2 f}{\partial x\,\partial y} + \vartheta\frac{\partial^2 g}{\partial x\,\partial y} = (1 - \vartheta)\, s_0 + \vartheta\, s_1 ,$$

$$t = (1 - \vartheta)\frac{\partial^2 f}{\partial y^2} + \vartheta\frac{\partial^2 g}{\partial y^2} = (1 - \vartheta)\, t_0 + \vartheta\, t_1$$

ist. Dann stellt $K(\vartheta)$ oder ausführlicher $K(x, y;\ \vartheta)$ für $\vartheta = 0$ das Krümmungsmaß der „oberen“ und für $\vartheta = 1$ das Krümmungsmaß der „unteren“ Begrenzungsfläche von $\mathfrak{K}$ dar in den Punkten mit dem Grundriß x, y; schließlich für $\vartheta = 1 : 2$ das Krümmungsmaß in den beiden Punkten von $\tilde{\mathfrak{F}}$ mit demselben Grundriß x, y.

Wenn wir zeigen können, daß entweder

$$K(\tfrac{1}{2}) \geqq K(0)$$

oder

$$K(\tfrac{1}{2}) \geqq K(1)$$

ist, so ist darin das Gewünschte enthalten. Dazu beweisen wir, daß

$$\sqrt{K(\vartheta)} \geqq \varphi(\vartheta)$$

ist, wo φ eine monotone Funktion bedeutet, die mit $\sqrt{K(\vartheta)}$ in den Endpunkten des Intervalls $0 \leqq \vartheta \leqq 1$ zusammenfällt.

Bezeichnet man den Zähler $rt - s^2$ von K mit u^2, so ist zunächst $u(\vartheta)$ (> 0) eine konvexe Funktion von ϑ auf der Strecke 01. Dazu braucht man nur zu zeigen, daß die quadratische Gleichung $u^2 = rt - s^2$ in u und ϑ in der ϑ, u-Ebene keine Hyperbel darstellt, oder daß es Werte von ϑ gibt, für die $u^2 < 0$ ist. Deuten wir $r:s = \xi$ und $t:s = \eta$ als rechtwinklige Koordinaten, so ist $rt - s^2 \geqq 0$ oder $\xi\eta \geqq 1$ das *Innere* eines Kegelschnitts (gleichseitige Hyperbel) und r_0, t_0, s_0; r_1, t_1, s_1 die homogenen Koordinaten zweier solcher innerer (besser: nichtäußerer) Punkte des Kegelschnitts. Auf ihrer Verbindungsgeraden gibt es daher sicher einen äußeren Punkt des Kegelschnitts:

$$(1-\vartheta)r_0 + \vartheta r_1, \quad (1-\vartheta)s_0 + \vartheta s_1, \quad (1-\vartheta)t_0 + \vartheta t_1,$$

für den dann in der Tat $rt - s^2 < 0$ ausfällt.

Setzen wir ferner

$$1 + p^2 + q^2 = v(\vartheta),$$

so ist $v(\vartheta)$ *nach unten* konvex, denn da die linke Seite wesentlich positiv ist, ist durch diese Gleichung in der ϑ, v-Ebene eine Parabel dargestellt, die sich oberhalb der ϑ-Achse ins Unendliche erstreckt.

Aus diesen Konvexitätseigenschaften von u und v folgt für $0 \leqq \vartheta \leqq 1$

$$u(\vartheta) \geqq (1-\vartheta)u(0) + \vartheta u(1),$$
$$v(\vartheta) \leqq (1-\vartheta)v(0) + \vartheta v(1)$$

und daher

$$\sqrt{K(\vartheta)} \geqq \varphi(\vartheta),$$

worin

$$\varphi(\vartheta) = \frac{(1-\vartheta)\sqrt{r_0 t_0 - s_0^2} + \vartheta\sqrt{r_1 t_1 - s_1^2}}{(1-\vartheta)(1 + p_0^2 + q_0^2) + \vartheta(1 + p_1^2 + q_1^2)}.$$

Diese Funktion, die in der ϑ, φ-Ebene durch eine Hyperbel mit den Asymptoten parallel zu den Achsen oder durch eine gerade Linie dargestellt wird, ist aber in der Tat monoton in 01. $\sqrt{K(\vartheta)}$ und daher auch $K(\vartheta)$ hat daher seinen kleinsten Wert auf dieser Strecke sicher in einem ihrer Endpunkte.

Jetzt haben wir noch die Stellen von $\mathfrak{F}$ und $\bar{\mathfrak{F}}$ zu untersuchen, deren Grundriß auf den Rand von $\mathfrak{G}$ fällt, die Stellen also, in denen die Tangentenebene lotrecht, d. h. parallel zur z-Achse liegt. Da Alles nur bis auf zweite Ableitungen ankommt, können wir $\mathfrak{F}$ an einer solchen Stelle durch das anschmiegende Paraboloid ersetzen und dessen Gleichung können wir bei geeigneter Koordinatenwahl in der Form schreiben:

$$2y = Ax^2 + 2Bxz + Cz^2. \tag{1}$$

Aufgelöst nach z gibt das

$$Cz = -Bx \pm \sqrt{(B^2 - AC)x^2 + 2Cy}.$$

Durch Symmetrisierung an $z = 0$ folgt daraus

$$C^2 z^2 = (B^2 - AC)x^2 + 2Cy$$

oder

$$2Cy = (AC - B^2)x^2 + C^2 z^2. \tag{2}$$

Für die Krümmungsmaße der beiden Paraboloide im Ursprung oder, was dasselbe ist, für die Krümmungsmaße der entsprechenden Punkte von $\mathfrak{F}$ und $\bar{\mathfrak{F}}$ mit lotrechter Tangentenebene findet sich aus (1) und (2) derselbe Wert

$$K = AC - B^2.$$

Das Krümmungsmaß von $\bar{\mathfrak{F}}$ ist somit niemals unter den Krümmungsmaßen in den entsprechenden Punkten von $\mathfrak{F}$. Daraus folgt die Richtigkeit der Behauptung an der Spitze dieses Abschnitts.

VI. Verhalten des Krümmungsmaßes beim Grenzübergange

Um aus der bewiesenen Tatsache, daß beim Symmetrisieren das Minimum des Krümmungsmaßes nicht abnimmt, auf dasselbe Verhalten bei der Schwarzschen Konstruktion schließen zu können, bedarf es nur des folgenden Nachweises:

Es sei $\mathfrak{K}_1, \mathfrak{K}_2, \mathfrak{K}_3 \ldots$ *eine konvergente Folge stetig gekrümmter konvexer Körper, und der Grenzkörper*

$$\mathfrak{L} = \lim_{n \to \infty} \mathfrak{K}_n$$

sei ebenfalls stetig gekrümmt. Dann kann man zu jedem Punkt P der Begrenzungsfläche $\mathfrak{F}$ von $\mathfrak{L}$ eine konvergente Punktfolge auffinden:

$$\lim_{n \to \infty} P_n = P,$$

sodaß P_n auf der Begrenzungsfläche $\mathfrak{F}_n$ von $\mathfrak{K}_n$ liegt und die Krümmungsmaße der $\mathfrak{F}_n$ in den P_n gegen das Krümmungsmaß von $\mathfrak{F}$ in P streben

$$\lim_{n \to \infty} \mathrm{K}(P_n) = \mathrm{K}(P)$$

Es sei a das Minimum der Hauptkrümmungshalbmesser auf der ganzen Begrenzungsfläche $\mathfrak{F}$ von $\mathfrak{L}$. Wir konstruieren zu $\mathfrak{F}$ die Parallelflächen $\mathfrak{F}_{+\varepsilon}$, $\mathfrak{F}_{-\varepsilon}$ im Abstand ε nach außen und innen. Beide sind ebenfalls konvex, sobald $0 < \varepsilon < a$ ist. Aus dem Begriffe der Konvergenz ergibt sich, daß für $n > n_\varepsilon$ die Grenzfläche $\mathfrak{F}_n$ von $\mathfrak{K}_n$ zwischen $\mathfrak{F}_{+\varepsilon}$ und $\mathfrak{F}_{-\varepsilon}$ liegt.

Wir greifen auf $\mathfrak{F}$ ein kleines Stück Φ heraus, das etwa von einer kleinen Kugel um einen Punkt von $\mathfrak{F}$ aus $\mathfrak{F}$ ausgeschnitten wird. Das entsprechende Stück von $\mathfrak{F}_n$, d. h. das Stück, in dem die Normalen zu Φ, die kürzer als ε sind, $\mathfrak{F}_n$ treffen, sei mit Φ_n bezeichnet. Man sieht dann leicht, daß infolge der Konvexität zwischen den Oberflächen F_n und F von Φ_n und Φ die Beziehung besteht:

(*) $$\lim_{n \to \infty} F_n = F.$$

(F_n ist nämlich größer als die Oberfläche des Φ auf $\mathfrak{F}_{-\varepsilon}$ entsprechenden Flächenstücks und kleiner als das entsprechende Flächenstück auf $\mathfrak{F}_{+\varepsilon}$, vermehrt um $2\,\varepsilon$ mal dem Umfang von Φ.)

Suchen wir nun das sphärische Bild unserer Flächen $\mathfrak{F}$, $\mathfrak{F}_n$ auf der Einheitskugel auf, indem wir zu den äußeren Normalen durch den Kugelmittelpunkt die gleichsinnig Parallelen legen und mit der Kugel zum Schnitt bringen.

Es seien P und P_n zwei entsprechende Punkte auf Φ und Φ_n, d. h. zwei Punkte auf derselben Normalen zu Φ, und $\bar{P}$, $\bar{P}_n$ ihre sphärischen Bilder, dann gilt, wie wir zeigen wollen, für die sphärische Entfernung dieser Bildpunkte

$$\cos \bar{P}\bar{P}_n > \frac{a-\varepsilon}{a+\varepsilon},$$

d. h. mit abnehmendem ε nähern sich entsprechende sphärische Bilder gleichmäßig.

Das sieht man so ein: $a - \varepsilon$ ist das Minimum der Hauptkrümmungshalbmesser auf $\mathfrak{F}_{-\varepsilon}$ und daher liegt die Kugel mit diesem Halbmesser, die $\mathfrak{F}_{-\varepsilon}$ in dem Punkte $P_{-\varepsilon}$, der P entspricht, berührt, in $\mathfrak{F}_{-\varepsilon}$ nach dem Ergebnis von S. 118. Da $\mathfrak{F}_{-\varepsilon}$ innerhalb $\mathfrak{F}_n$ liegt, liegt diese Kugel auch innerhalb $\mathfrak{F}_n$ und daraus ergibt sich (vgl. die Fig. 23) die gewünschte Ungleichheit

$$\cos \bar{P}\bar{P}_n \geqq \cos \delta,$$

wobei

$$\cos \delta > \frac{a-\varepsilon}{a+\varepsilon}$$

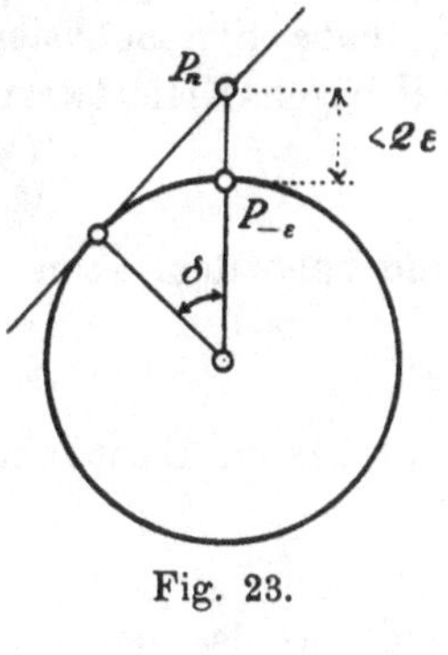

Fig. 23.

ist. Sind also $\bar{\Phi}$ und $\bar{\Phi}_n$ die sphärischen Bilder von Φ und Φ_n, so liegt der Rand von $\bar{\Phi}_n$ zwischen den beiden Parallelkurven im Abstand

$$\operatorname{arc}\cos\frac{a-\varepsilon}{a+\varepsilon}$$

zum Rande von $\bar{\Phi}$. Daraus ergibt sich für die Flächeninhalte $\bar{F}$ und $\bar{F}_n$ von $\bar{\Phi}$ und $\bar{\Phi}_n$

$$(^{**})\qquad \bar{F}=\lim_{n\to\infty}\bar{F}_n.$$

Nun kann man aber aus dem Krümmungsmaß K die Flächeninhalte $\bar{F}$ und $\bar{F}_n$ berechnen

$$\bar{F}=\int_{\Phi}K\,d\,F,\qquad \bar{F}_n=\int_{\Phi_n}K\,d\,F_n.$$

Nach dem ersten Mittelwertsatz der Integralrechnung können wir auch schreiben:

$$\bar{F}=F\cdot K(\Phi),\qquad \bar{F}_n=F_n\cdot K(\Phi_n),$$

wo durch $K(\Phi)$ und $K(\Phi_n)$ Mittelwerte des Krümmungsmaßes auf Φ und Φ_n angedeutet sind. Durch Division dieser beiden Formeln und durch den Grenzübergang $n\to\infty$ folgt bei Beachtung von (*) und (**)

$$\lim_{n\to\infty}K(\Phi_n)=K(\Phi).$$

Da man das Flächenstück Φ von $\mathfrak{F}$ beliebig klein wählen kann, und da K auf $\mathfrak{F}_n$ und auf $\mathfrak{F}$ stetig vorausgesetzt ist, so ist hierin die Richtigkeit der zuvor aufgestellten Behauptung über die Konvergenz der Krümmungsmaße enthalten.

Nähern wir nun den Körper $\bar{\mathfrak{K}}$, der aus einem konvexen Körper $\mathfrak{K}$ durch die Konstruktion von Schwarz hervorgeht, durch eine Folge von Körpern $\mathfrak{K}_1$, $\mathfrak{K}_2$, $\mathfrak{K}_3$ ... an, die aus $\mathfrak{K}$ durch aufeinanderfolgende Symmetrisierungen entstehen (S. 86), so gilt für die zugehörigen Kleinstwerte der Krümmungsmaße nach V (S. 124).

$$\frac{1}{A^2}\leqq\frac{1}{A_1^2}\leqq\frac{1}{A_2^2}\leqq\frac{1}{A_3^2}\leqq\ldots$$

und nach dem eben bewiesenen Ergebnis

$$\frac{1}{\bar{A}^2}\geqq\lim_{n\to\infty}\frac{1}{A_n^2}.$$

Aus beiden Beziehungen folgt aber

$$\frac{1}{A^2}\leqq\frac{1}{\bar{A}^2}$$

und das ist der Inhalt des zweiten Punktes der auf S. 120 unten aufgestellten Behauptungen, die nun sämtlich als richtig erkannt sind.

VII. Vorbereitungen zum Beweise für Drehflächen

Es ist bisher Folgendes bewiesen: Eine stetig gekrümmte konvexe Fläche mit dem Durchmesser D, die (A) der Krümmungsbeschränkung $K \geqq 1 : A^2$ genügt und (B) eine Kugel vom Halbmesser R enthält, kann man durch Anwendung der Konstruktion von Schwarz in eine stetig gekrümmte konvexe Drehfläche mit dem gleichen Durchmesser D überführen, die denselben beiden Voraussetzungen (A) und (B) genügt, und zwar so, daß die beiden Punkte P, Q der Drehfläche, die auf der Drehachse liegen, die Entfernung D haben.

Wir können nun noch weiter die gefundene Drehfläche an der Symmetrieebene der Strecke PQ symmetrisieren, wobei sich nach III. (S. 121) der Durchmesser D nicht ändert und auch die beiden Voraussetzungen (A) (nach V. S. 125) und (B) (vergl. die Schlußweise am Ende von II. S. 121) erhalten bleiben.

Um bei vorgegebenen A und R die obere Grenze für den Durchmesser D zu ermitteln, brauchen wir also unser Augenmerk nur auf konvexe Drehflächen zu richten, die zu ihrer „Äquatorebene" symmetrisch liegen und deren „Pole" P und Q die Entfernung D besitzen.

Da eine solche Fläche $\mathfrak{F}$ eine Kugel vom Halbmesser R enthält und zum Mittelpunkt M der Strecke PQ symmetrisch ist, so enthält sie auch die Kugel, die man durch Spiegelung der ersten an M erhält. Deshalb liegt auch die Kugel um M mit dem Halbmesser R in $\mathfrak{F}$, da sie in der konvexen Hülle beider zu M symmetrischer Kugeln enthalten ist. Wir haben somit

$$PQ = D \geqq 2R$$

und für den Halbmesser R_0 des Äquatorkreises von $\mathfrak{F}$ gilt ebenso

$$R_0 \geqq R.$$

Anderseits können die Größen $1 : A^2$ und R nicht völlig unabhängig voneinander vorgeschrieben werden, sondern es ist stets

$$A \geqq R$$

zu nehmen. Wählen wir nämlich die Drehachse zur z-Achse, die lotrecht nach oben gerichtet sein möge, und bezeichnen wir die Richtungskosinus der äußeren Flächennormalen in einem Punkte von $\mathfrak{F}$ mit X, Y, Z, ferner mit dF das Flächenelement von $\mathfrak{F}$ und mit $d\bar{F}$ das Flächenelement des sphärischen Bildes von $\mathfrak{F}$, so ist

$$\int \frac{Z}{K} \cdot d\bar{F} = \int Z \cdot dF.$$

Das zweite Integral stellt offenbar den Flächeninhalt der Projektion des Flächenstücks von $\mathfrak{F}$, über das integriert wird, auf die Äquatorebene dar. Erstrecken wir also das erste Integral über die „obere" Halbkugel $\mathfrak{H}$, so finden wir den Inhalt πR_0^2 des Äquatorkreises

$$\int\limits_{\mathfrak{H}} \frac{Z}{K} dF = \pi R_0^2.$$

Aus

$$K \geqq \frac{1}{A^2}$$

findet sich aber

$$\int\limits_{\mathfrak{H}} \frac{Z}{K} \cdot dF \leqq A^2 \int\limits_{\mathfrak{H}} Z \cdot dF = \pi A^2$$

und wir haben also

$$\pi A^2 \geqq \pi R_0^2$$

oder wegen $A > 0$, $R_0 > 0$ in der Tat

$$A \geqq R_0 \geqq R.$$

VIII. Spindelförmige Drehflächen konstanten Krümmungsmaßes

Für $A > R_0$ gibt es eine spindelförmige Drehfläche vom konstanten Krümmungsmaß $K = 1 : A^2$, die durch Umdrehung der Meridiankurve

$$(1) \qquad x = R_0 \cos\sigma, \quad y = 0, \quad z = \int\limits_0^\sigma \sqrt{A^2 - R_0^2 \sin^2\sigma} \cdot d\sigma$$

$$|\sigma| \leqq \frac{\pi}{2}$$

um die z-Achse entsteht (Figur 24). Dabei ist σ der Bogenlänge des Meridians proportional. Diese Drehfläche $\mathfrak{F}_0$ ist konvex und stetig gekrümmt, außer an den Schnittpunkten P_0, Q_0 mit der Drehachse, wo sie Spitzen hat. In allen anderen Punkten hat ihr Krümmungsmaß den Wert $1 : A^2$.[1] Für $A = R_0$ wird $\mathfrak{F}_0$ zur Kugel mit dem Halbmesser R_0.

Wir behaupten nun:

Eine konvexe und stetig gekrümmte zu ihrer Äquatorebene symmetrische Drehfläche $\mathfrak{F}$, auf der das Krümmungsmaß der Ungleichheit

$$K \geqq \frac{1}{A^2}$$

[1] Man findet diese Drehflächen konstanten Krümmungsmaßes in allen Lehrbüchern der Differentialgeometrie behandelt. Man vgl. z. B. G. Scheffers, Theorie der Flächen, 2. Aufl., Leipzig 1913 auf S. 139, 140.

genügt, ist stets enthalten in der Drehfläche $\mathfrak{F}_0$ vom konstanten Krümmungsmaß $1:A^2$, die mit $\mathfrak{F}$ den Äquatorkreis gemein hat.

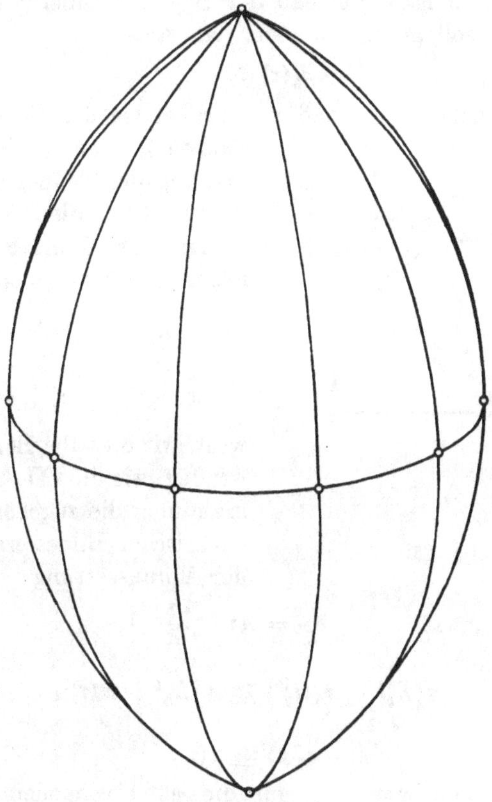

Fig. 24.

Zum Beweise nehmen wir die Drehachse als z-Achse und die Äquatorebene zur xy-Ebene. Wir betrachten die Kurvenbogen der Meridiankurven $\mathfrak{C}_0$ und $\mathfrak{C}$ von $\mathfrak{F}_0$ und $\mathfrak{F}$ in der Viertelebene

$$x \geqq 0, \quad y = 0, \quad z \geqq 0$$

und geben sie in Parameterdarstellung

$$\mathfrak{C}_0 \begin{cases} x = x_0(\tau), \quad y = 0, \quad z = z_0(\tau); \\ \qquad 0 \leqq \tau \leqq \tau_0; \end{cases}$$

$$\mathfrak{C} \begin{cases} x = x(\tau), \quad y = 0, \quad z = z(\tau); \\ \qquad 0 \leqq \tau \leqq \frac{\pi}{2}, \end{cases}$$

wobei der Parameter τ den Winkel zwischen der positiven z-Achse und der Kurventangente bedeuten soll (vgl. Fig. 25).

Zu beweisen ist dann, daß der Bogen $\mathfrak{C}$ innerhalb $\mathfrak{C}_0$ liegt.

Zunächst soll gezeigt werden, daß stets

$$x_0(\tau) \leqq x(\tau)$$

ist. Dazu beachten wir, daß die Grundrisse der Zonen der Drehflächen $\mathfrak{F}_0$ und $\mathfrak{F}$, die durch Umdrehung der Teilbogen von $\mathfrak{C}_0$ und $\mathfrak{C}$ entstehen, die den Parameterwerten von 0 bis τ entsprechen, folgende Flächeninhalte haben

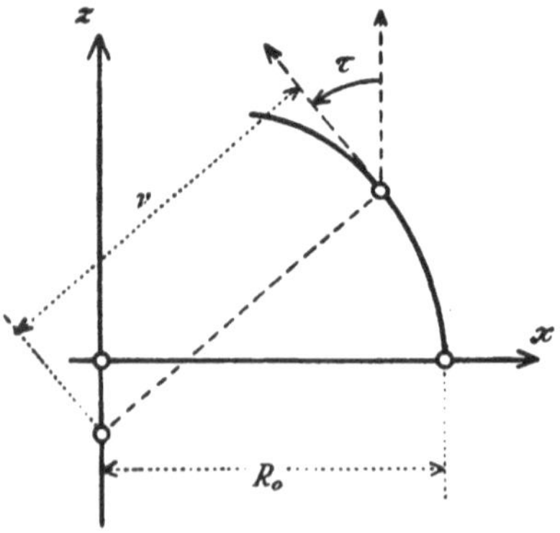

Fig. 25.

$$\pi\{R_0^2 - x_0(\tau)^2\} = \int \frac{Z}{K_0}\, d\,F,$$

$$\pi\{R_0^2 - x(\tau)^2\} = \int \frac{Z}{K}\, d\,F,$$

wenn wir dieselbe Bezeichnung anwenden wie in VII. und die Integrale über die zugehörige Zone des sphärischen Bildes erstrecken. Aus der Voraussetzung

$$\frac{1}{K_0} = A^2 \geqq \frac{1}{K}$$

ergibt sich aber

$$\pi\{R_0^2 - x_0(\tau)^2\} \geqq \pi\{R_0^2 - x(\tau)^2\}$$

oder in der Tat

$$x_0(\tau) \leqq x(\tau).$$

Hieraus kann man aber für die entsprechenden Krümmungshalbmesser ϱ_0 und ϱ von $\mathfrak{C}_0$ und $\mathfrak{C}$ schließen, daß stets

$$\varrho_0(\tau) \geqq \varrho(\tau)$$

ist. Die Hauptkrümmungshalbmesser der Drehflächen sind nämlich einerseits gleich den Krümmungshalbmessern ϱ ihrer Meridiankurven, anderseits den Abschnitten ν auf deren Normalen bis zur Drehachse hin (vgl. Fig. 25).[1] Wir haben somit

$$A^2 = \frac{1}{K_0} = \varrho_0(\tau) \cdot \nu_0(\tau),$$

$$\frac{1}{K} = \varrho(\tau) \cdot \nu(\tau).$$

Dabei ist

$$\nu_0(\tau) = \frac{x_0(\tau)}{\cos\tau}, \qquad \nu(\tau) = \frac{x(\tau)}{\cos\tau}\,.$$

[1] Man sehe etwa wieder das Lehrbuch von SCHEFFERS S. 138.

Aus der Voraussetzung

$$\frac{1}{K_0} \geqq \frac{1}{K} \quad \text{oder} \quad \varrho_0(\tau)\cdot\nu_0(\tau) \geqq \varrho(\tau)\cdot\nu(\tau)$$

und der bewiesenen Beziehung

$$x_0(t) \leqq x(\tau) \quad \text{oder} \quad \nu_0(\tau) \leqq \nu(\tau)$$

folgt somit durch Division die gewünschte Ungleichheit

$$\varrho_0(\tau) \geqq \varrho(\tau).$$

Hieraus ergibt sich aber (genau so wie der Satz von § 24, II. auf S. 115) aus der Formel (2) von S. 116 die Richtigkeit der Behauptung, daß $\mathfrak{C}$ innerhalb $\mathfrak{C}_0$ und daher $\mathfrak{F}$ in $\mathfrak{F}_0$ liegt.

IX. Ergebnisse

Zwischen der Entfernung D_0 der Pole P, Q einer spindelförmigen Drehfläche $\mathfrak{F}_0$ vom konstanten Krümmungsmaß $1 : A^2$ und dem Halbmesser R_0 ($R_0 < A$) ihres Äquatorkreises besteht nach den Formeln (1) von S. 130 die Beziehung

$$D_0 = 2\int_0^{\pi/2} \sqrt{A^2 - R_0^2 \sin^2\sigma}\cdot d\sigma. \tag{2}$$

Liegt nun die stetig gekrümmte konvexe Drehfläche $\mathfrak{F}$, die mit $\mathfrak{F}_0$ den Äquator gemein hat, in $\mathfrak{F}_0$, so ist ihr Durchmesser D sicher kleiner als der von $\mathfrak{F}_0$

$$D < D_0,$$

da $\mathfrak{F}$ wegen der stetigen Krümmung die Spitzen P und Q von $\mathfrak{F}_0$ nicht enthalten kann. Wohl aber kann man diesen Spitzen beliebig nahe kommen und daher ist D_0 die obere Grenze der D.

Wir hatten innerhalb $\mathfrak{F}$ eine Kugel mit dem Halbmesser R, die zu $\mathfrak{F}$ konzentrisch war ($R \leqq R_0$). Bemerkt man, daß unser Integral in (2) eine monoton abnehmende Funktion von R_0 ist, wie man durch Differentiation nach R_0 sofort sieht, so folgt aus

$$D < 2\int_0^{\pi/2} \sqrt{A^2 - R_0^2 \sin^2\sigma}\cdot d\sigma$$

wegen $R_0 \geqq R$ um so mehr

$$D < 2\int_0^{\pi/2} \sqrt{A^2 - R^2 \sin^2\sigma}\cdot d\sigma. \tag{3}$$

Nach unseren Ergebnissen gilt diese Formel aber allgemein, auch für Nicht-Drehflächen. Wir finden also:

Ist $\mathfrak{F}$ eine stetig gekrümmte konvexe Fläche, auf der das Krümmungsmaß K der Bedingung

$$K \geqq \frac{1}{A^2}$$

genügt und die eine Kugel vom Halbmesser $R (< A)$ enthält, so gilt für ihren Durchmesser D die Ungleichheit

$$D < 2 \int_0^{\pi/2} \sqrt{A^2 - R^2 \sin^2 \sigma} \cdot d\sigma.$$ [1]

Man kann dieser oberen Grenze für D beliebig nahe kommen, indem man an einer spindelförmigen Drehfläche vom konstanten Krümmungsmaß $1 : A^2$ mit R als Halbmesser des Äquatorkreises die beiden Spitzen abrundet.

Wir haben früher gezeigt (S. 130), daß R notwendig $\leqq A$ genommen werden muß. Man kann dieses Ergebnis leicht dahin ergänzen, daß nur dann $R = A$ ist, wenn $\mathfrak{F}$ Kugelgestalt hat. Enthält $\mathfrak{F}$ die Kugel vom Halbmesser A, so muß der Flächeninhalt jedes Normalrisses von $\mathfrak{F}$ notwendig $\geqq \pi A^2$ sein. Da das Krümmungsmaß von $\mathfrak{F}$ überall $\geqq 1 : A^2$ ist, muß derselbe Flächeninhalt nach der Überlegung von S. 129, 130 auch $\leqq \pi A^2$ sein. Es bleibt also nur die Möglichkeit $= \pi A^2$ offen und $\mathfrak{F}$ kann außerhalb der Kugel vom Halbmesser A keinen Punkt enthalten, da es sonst Normalrisse von $\mathfrak{F} > \pi A^2$ gäbe. $\mathfrak{F}$ fällt also mit dieser Kugel zusammen.

Enthält eine konvexe Fläche $\mathfrak{F}$, deren Krümmungsmaß durchweg $\geqq 1 : A^2$ ist, eine Kugel vom Halbmesser A, so fällt $\mathfrak{F}$ notwendig mit dieser Kugel zusammen.

X. Ein Satz von O. Bonnet

Wie wir schon bemerkt haben, ist die Funktion

$$\int_0^{\pi/2} \sqrt{A^2 - R^2 \sin^2 \sigma} \cdot d\sigma$$

in R monoton abnehmend im Intervall $0 \leqq R \leqq A$. Wir vergrößern also den Ausdruck, wenn wir $R = 0$ setzen. Auf diese Art folgt aus der Ungleichheit (3) die einfachere

$$D < \pi A. \tag{4}$$

Ist das Krümmungsmaß in allen Punkten einer konvexen Fläche $\geqq 1 : A^2$, so ist die Entfernung zweier Punkte der Fläche immer $< \pi A$.

[1] Tafeln für diese vollständigen elliptischen Integrale findet man in den Funktionentafeln von E. Jahnke und F. Emde, Leipzig u. Berlin 1909, S. 68.

Diese Ungleichheit, die hier als Sonderfall aus einer allgemeineren Ungleichheit erschlossen wurde, ist schon im Jahre 1855 von O. BONNET angegeben worden.[1] Man wird sie noch dahin ergänzen, daß die Entfernung zweier Punkte dieser oberen Grenze πA beliebig nahe kommen kann, wie man an genügend dünnen (R_0 genügend klein) Drehflächen von der konstanten Krümmung $1 : A^2$ sehen kann, deren Spitzen man sich abgerundet denken möge.[2] Denn mit abnehmendem $R_0 > 0$ nähert sich die Entfernung D_0 der Spitzen

$$D_0 = 2\int_0^{\pi/2} \sqrt{A^2 - R_0{}^2 \sin^2 \sigma}\, d\sigma$$

dem Wert πA.

Wir wollen hier in Kürze die geistvolle Art auseinandersetzen, durch die BONNET zu seinem Ergebnis gekommen ist, obwohl dabei Hilfsmittel der Variationsrechnung benutzt werden, die wir sonst nicht als bekannt voraussetzen wollen.

Es sei $\mathfrak{G}$ eine geodätische Linie auf einer konvexen Fläche $\mathfrak{F}$, P ein Punkt von $\mathfrak{G}$ und s die Bogenlänge auf $\mathfrak{G}$ von P aus gezählt. Dann besagt die Bedingung von JACOBI, daß $\mathfrak{G}$ zwischen zwei Punkten P und Q nur dann möglicherweise eine kürzeste Verbindung auf $\mathfrak{F}$ ergeben kann, wenn Q nicht jenseits des zu P „konjugierten" Punktes P^* liegt, in dem $\mathfrak{G}$ zum erstenmal die Einhüllende der geodätischen Linien durch P berührt. Diesen konjugierten Punkt, d. h. den zugehörigen Wert von s, findet man, wenn man eine Lösung $p(s)$ der Differentialgleichung

$$\frac{d^2 p}{d s^2} = -K(s) \cdot p$$

herstellt, die für $s = 0$ verschwindet. Die nächste Nullstelle von p entspricht dann dem konjugierten Punkt P^*. Dabei bedeutet $K(s)$ das Krümmungsmaß von $\mathfrak{F}$ in dem Punkte von $\mathfrak{G}$, der dem Parameterwert s zugehört. Aus $K \geqq 1 : A^2$ kann man nach einem berühmten Satz von J. C. F. STURM schließen, daß die Nullstellen der JACOBIschen Differentialgleichung näher aneinanderliegen als die der Gleichung

$$\frac{d^2 p}{d s^2} = -\frac{p}{A^2},$$

daß also die geodätische Entfernung s von P und $P^* \leqq \pi A$ ist.[3]

[1] Paris, Comptes Rendus **40** (1855) S. 1311—1313. Man vgl. auch G. DARBOUX, Théorie générale des surfaces. Bd. III, S. 103.

[2] Diese Bemerkung dürfte zuerst von F. HAUSDORFF gemacht worden sein.

[3] Man kommt unmittelbar auf diesen Satz von STURM, wenn man die Differentialgleichungen mechanisch als Schwingungsgleichungen deutet; dann

Weiß man nun, daß es stets eine allerkürzeste Verbindung zwischen zwei Punkten auf $\mathfrak{F}$ gibt und daß diese eine geodätische Linie ist, so schließt man, daß die geodätische Distanz irgend zweier Punkte von $\mathfrak{F}$ stets $\leqq \pi A$ und daher ihre räumliche Entfernung $< \pi A$ ist.

Die hervorgehobene Lücke in der Schlußweise von Bonnet, nämlich der fehlende Existenzbeweis wurde erst ausgefüllt durch die Existenzsätze, die D. Hilbert in die Variationsrechnung eingeführt hat.

§ 26. Andere Krümmungsbeschränkungen

I. Problemstellung und Zurückführung auf Drehflächen

Der im vorigen Abschnitt gestellten und gelösten Aufgabe läßt sich eine ganz ähnliche, ihr in gewissem Sinne dual entsprechende[1] gegenüberstellen und mit den entsprechenden, noch etwas vereinfachten Hilfsmitteln behandeln, nämlich die folgende: *Von einer stetig gekrümmten konvexen Fläche $\mathfrak{F}$ sei bekannt: (A) das Gaussische Krümmungsmaß in allen Punkten von $\mathfrak{F}$ erfülle eine Bedingung*

$$K \leqq \frac{1}{B^2}$$

und (B), es sei $\mathfrak{F}$ in einer Kugel vom Halbmesser S enthalten. Gesucht wird die untere Grenze für den Abstand paralleler Tangentialebenen von $\mathfrak{F}$.

Wir wollen das Minimum der Entfernung paralleler Tangentialebenen einer konvexen Fläche $\mathfrak{F}$ als ihre „*Dicke*“ bezeichnen und haben dann die Aufgabe vor uns, die untere Grenze für die Dicke bei allen Flächen $\mathfrak{F}$ zu ermitteln, die den Voraussetzungen (A) und (B) genügen.

Geben wir im Folgenden den Gedankengang für die Lösung des Problems! An Stelle der Konstruktion von Schwarz tritt als rettender Engel hier ein ganz entsprechendes Verfahren, das $\mathfrak{F}$ in eine konvexe Drehfläche verwandelt, die wieder die Voraussetzungen (A) und (B) erfüllt. Dieses Verfahren kann man am einfachsten mittels der Stützfunktion von $\mathfrak{F}$ (vgl. S. 55) beschreiben. Wir denken uns den Koordinatenanfang M im Innern von $\mathfrak{F}$ gelegen und bilden $\mathfrak{F}$ durch parallele (äußere) Normalen ab auf die Einheitskugel um M. Dieses sphärische Bild von $\mathfrak{F}$ überdecken wir mit der positiven Stütz-

besagt der Satz nur die triviale Tatsache, daß sich die Schwingungen bei zunehmender Kraft verschnellern.

[1] Man vergl. den auf S. 119 genannten Vortrag des Verfassers.

funktion H, die die Entfernung der Tangentialebenen der Fläche $\mathfrak{F}$ von M darstellt und setzen H an als Funktion der geographischen Länge φ und der Breite ψ auf der Kugel. Dabei stellen wir die Achse $\mathfrak{a}$ des Polarkoordinatensystems so, daß sie senkrecht steht auf dem Paar (oder, wenn es deren mehrere gibt, auf einem Paar) von Tangentialebenen von $\mathfrak{F}$, deren Abstand gleich der Dicke von $\mathfrak{F}$ ist. Wir bilden dann die Funktion

$$\tilde{H}(\psi) = \frac{1}{2\pi}\int_{-\pi}^{+\pi} H(\varphi, \psi)\, d\varphi.$$

Diese ist ebenfalls Stützfunktion einer konvexen Fläche $\tilde{\mathfrak{F}}$, und zwar einer Drehfläche mit $\mathfrak{a}$ als Drehachse.

Unter Verwendung eines von P. Funk[1] in der Theorie der Kugelfunktionen eingeführten Ausdrucks wollen wir die Konstruktion, die von $\mathfrak{F}$ zu $\tilde{\mathfrak{F}}$ führt, das duale Gegenstück der Konstruktion von Schwarz, als die *Versteifung* von $\mathfrak{F}$ bezeichnen. Wenn wir zeigen, daß die so gefundene versteifte Fläche $\tilde{\mathfrak{F}}$ wirklich den Bedingungen (A) und (B) genügt, so brauchen wir unser Augenmerk nur mehr auf Drehflächen zu richten, was (analytisch ausgedrückt) bedeutet, daß es sich in unserer Minimumaufgabe nicht mehr um unbekannte Funktionen zweier Veränderlicher, sondern nur mehr um solche von einer Veränderlichen handelt.

II. Eigenschaften der Versteifung

Für die versteifte Fläche $\tilde{\mathfrak{F}}$ haben wir nun entsprechend den vier Punkten von § 25, II. S. 120 Folgendes zu erweisen:

1. $\tilde{\mathfrak{F}}$ ist wieder konvex und stetig gekrümmt.

2. Das Krümmungsmaß auf $\tilde{\mathfrak{F}}$ erfüllt wieder die Bedingung $K \leqq 1 : B^2$.

3. $\tilde{\mathfrak{F}}$ liegt wieder in einer Kugel vom Halbmesser S.

4. Die Dicke von $\tilde{\mathfrak{F}}$ ist gleich der von $\mathfrak{F}$.

Zu Punkt 1 haben wir zu zeigen, daß die Krümmungshalbmesser des Meridians von $\tilde{\mathfrak{F}}$ positiv sind. Man findet nach der Formel (1) von S. 115

$$\tilde{H} + \frac{d^2 \tilde{H}}{d\psi^2} = \frac{1}{2\pi}\int_{-\pi}^{+\pi}\left\{H + \frac{\partial^2 H}{\partial \psi^2}\right\} d\varphi.$$

Der Ausdruck in der Klammer bedeutet aber den Krümmungshalbmesser der Kurve, die bei festgehaltenem φ durch die Stützgeradenfunktion $H(\varphi, \psi)$ dargestellt wird und diese ist als Umriß von $\mathfrak{F}$

[1] Mathem. Annalen 77 (1916), S. 137.

für eine Projektion parallel zur Äquatorebene konvex. Wir haben also:

$$H + \frac{\partial^2 H}{\partial \psi^2} > 0$$

und daher in der Tat auch

$$\tilde{H} + \frac{d^2 \tilde{H}}{d \psi^2} > 0,$$

w. z. b. w.

Den zweiten Punkt sparen wir uns als schwierigsten wieder bis zuletzt auf. 3. Erledigt sich sofort durch die folgenden Betrachtungen: *Erstens*, wenn von zwei konvexen Flächen $\mathfrak{F}$ und $\mathfrak{G}$ die eine in der anderen liegt ($\mathfrak{F} < \mathfrak{G}$), so gilt dasselbe für die durch Versteifung an derselben Achse hervorgehenden Flächen $\tilde{\mathfrak{F}} < \tilde{\mathfrak{G}}$. *Zweitens*, durch Versteifung einer Kugel $\mathfrak{G}$ erhält man eine gleichgroße Kugel $\tilde{\mathfrak{G}}$.

Zu 4. beweisen wir zunächst: *Geht eine Fläche $\tilde{\mathfrak{F}}$ durch Versteifung aus einer Fläche $\mathfrak{F}$ hervor, so besteht zwischen den zugehörigen Dicken stets die Beziehung $\tilde{\Delta} \geqq \Delta$.* Ist nämlich

$$\tilde{\Delta} = \tilde{H}(\psi_0) + \tilde{H}(\psi_0 + \pi),$$

so haben wir

$$\tilde{\Delta} = \frac{1}{2\pi}\int_{-\pi}^{+\pi} \{H(\varphi, \psi) + H(\varphi, \psi + \pi)\}\, d\varphi$$

und da alle Klammerausdrücke $\geqq \Delta$ sind, so folgt das gewünschte Ergebnis $\tilde{\Delta} \geqq \Delta$. Anderseits haben wir in unserem Falle die Drehachse $\mathfrak{a}$ senkrecht gewählt zu den beiden Tangentialebenen von $\mathfrak{F}$ mit dem Minimalabstand Δ. Diese sind offenbar auch Tangentialebenen von $\tilde{\mathfrak{F}}$ und daher ist auch $\tilde{\Delta} \leqq \Delta$. Es bleibt also nur mehr die Möglichkeit $\tilde{\Delta} = \Delta$ übrig.[1]

III. Differentialgeometrie der Stützfunktion

Um nun auch noch den allein ausständigen Punkt Zwei unseres Programms zu erledigen, kann man in Analogie zu den Untersuchungen des vorigen Abschnitts (§ 25) so verfahren, daß man die Versteifung

[1] Nebenbei bemerkt, erschließt man hieraus leicht die Richtigkeit eines Satzes, den man als duales Gegenstück zum Satz von Bieberbach (S. 123) anzusehen hat: *Unter allen konvexen Flächen von der Dicke Δ haben die von konstantem Abstand paralleler Tangentialebenen das kleinste Integral der mittleren Krümmung.* Es sind das Minkowskis „Flächen konstanter Breite", auf die wir im Anhang (S. 150) noch zurückkommen. Sie sind dadurch gekennzeichnet, daß bei ihnen Durchmesser und Dicke zusammenfallen: $D = \Delta$.

herleitet durch unbegrenzte Wiederholung *der* Symmetrisierung, die wir in § 22, VII., S. 103 eingeführt haben.

Wir wollen, um möglichst übersichtliche Formeln zu erhalten, die Stützfunktion $H(\varphi, \psi)$ von den Polarkoordinaten φ, ψ auf rechtwinklige Koordinaten α, β, γ bringen, die mit φ, ψ so zusammenhängen:

$$\alpha = \cos\varphi\cos\psi, \qquad \beta = \sin\varphi\cos\psi, \qquad \gamma = \sin\psi.$$

Da zwischen α, β, γ die Gleichung besteht

$$\alpha^2 + \beta^2 + \gamma^2 = 1, \tag{1}$$

können wir von der neuen Stützfunktion $H(\alpha, \beta, \gamma)$ die Homogenitätseigenschaft voraussetzen

$$H(\lambda\alpha, \lambda\beta, \lambda\gamma) = \lambda H(\alpha, \beta, \gamma) \tag{2}$$

für alle $\lambda > 0$. Daraus ergibt sich in bekannter Weise durch Differentiation nach λ zwischen den partiellen Ableitungen von H die Identität

$$\alpha H_\alpha + \beta H_\beta + \gamma H_\gamma = H \tag{3}$$

und daraus durch partielle Ableitung nach α, β und γ für die zweiten Ableitungen von H

$$\left\{\begin{aligned} \alpha H_{\alpha\alpha} + \beta H_{\alpha\beta} + \gamma H_{\alpha\gamma} &= 0,\\ \alpha H_{\beta\alpha} + \beta H_{\beta\beta} + \gamma H_{\beta\gamma} &= 0,\\ \alpha H_{\gamma\alpha} + \beta H_{\gamma\beta} + \gamma H_{\gamma\gamma} &= 0. \end{aligned}\right. \tag{4}$$

Dabei ist z. B. für

$$\frac{\partial H}{\partial \alpha} = H_\alpha \quad \text{und} \quad \frac{\partial^2 H}{\partial\alpha\,\partial\beta} = H_{\alpha\beta}$$

geschrieben.

Die Gleichung der Tangentialebene mit der äußeren Normalenrichtung α, β, γ an die von der Stützfunktion H dargestellte konvexe Fläche $\mathfrak{F}$ in der „Normalform" von L. O. Hesse lautet

$$\alpha x + \beta y + \gamma z = H \tag{5}$$

und für den Berührungspunkt x, y, z gilt überdies die Formel, die daraus durch Differentiation folgt

$$(x - H_\alpha)\,d\alpha + (y - H_\beta)\,d\beta + (z - H_\gamma)\,d\gamma = 0$$

für alle $d\alpha$, $d\beta$, $d\gamma$, die der Bedingung genügen

$$\alpha\,d\alpha + \beta\,d\beta + \gamma\,d\gamma = 0,$$

die sich aus (1) durch Differentiation ergibt. Wir haben somit

$$x - H_\alpha = \mu\alpha, \qquad y - H_\beta = \mu\beta, \qquad z - H_\gamma = \mu\gamma$$

und aus (3) und (5) folgt $\mu = 0$.

Für die Berührungspunktkoordinaten finden sich somit die einfachen Ausdrücke

(6) $$x = H_\alpha, \quad y = H_\beta, \quad z = H_\gamma.$$

Es sei nun R ein Hauptkrümmungshalbmesser von $\mathfrak{F}$, also die Koordinaten des entsprechenden Krümmungsmittelpunktes

$$\xi = H_\alpha - R\alpha, \quad \eta = H_\beta - R\beta, \quad \zeta = H_\gamma - R\gamma.$$

Schreiten wir längs der zugehörigen Krümmungslinie von $\mathfrak{F}$ vorwärts, so muß nach der Definition der Krümmungslinien die Richtung $d\xi$, $d\eta$, $d\zeta$ in die Normalenrichtung α, β, γ fallen. Das ergibt die Formeln

$$\begin{aligned} H_{\alpha\alpha} d\alpha + H_{\alpha\beta} d\beta + H_{\alpha\gamma} d\gamma &= R d\alpha + \lambda\alpha, \\ H_{\beta\alpha} d\alpha + H_{\beta\beta} d\beta + H_{\beta\gamma} d\gamma &= R d\beta + \lambda\beta, \\ H_{\gamma\alpha} d\alpha + H_{\gamma\beta} d\beta + H_{\gamma\gamma} d\gamma &= R d\gamma + \lambda\gamma. \end{aligned}$$

Vervielfacht man sie der Reihe nach mit α, β, γ, so ergibt das Addieren wegen (1), (4) und wegen

$$\alpha\, d\alpha + \beta\, d\beta + \gamma\, d\gamma = 0$$

das Ergebnis $\lambda = 0$ und somit für R die Gleichung

(7) $$\begin{vmatrix} H_{\alpha\alpha} - R & H_{\alpha\beta} & H_{\alpha\gamma} \\ H_{\beta\alpha} & H_{\beta\beta} - R & H_{\beta\gamma} \\ H_{\gamma\alpha} & H_{\gamma\beta} & H_{\gamma\gamma} - R \end{vmatrix} = 0.$$

Entwickelt man diese Determinante nach Potenzen von R und beachtet das Verschwinden der Determinante der zweiten Ableitungen infolge (4), so erhält man nach Division durch R eine quadratische Gleichung für R:

$$R^2 - (R_1 + R_2) R + R_1 R_2 = 0.$$

Darin bedeutet.

(8) $$R_1 + R_2 = H_{\alpha\alpha} + H_{\beta\beta} + H_{\gamma\gamma}.$$

Bezeichnen wir die algebraischen Komplemente der Matrix

$$\begin{pmatrix} H_{\alpha\alpha} & H_{\alpha\beta} & H_{\alpha\gamma} \\ H_{\beta\alpha} & H_{\beta\beta} & H_{\beta\gamma} \\ H_{\gamma\alpha} & H_{\gamma\beta} & H_{\gamma\gamma} \end{pmatrix} \quad \text{mit} \quad \begin{pmatrix} K_{\alpha\alpha} & K_{\alpha\beta} & K_{\alpha\gamma} \\ K_{\beta\alpha} & K_{\beta\beta} & K_{\beta\gamma} \\ K_{\gamma\alpha} & K_{\gamma\beta} & K_{\gamma\gamma} \end{pmatrix},$$

so finden wir

$$R_1 R_2 = K_{\alpha\alpha} + K_{\beta\beta} + K_{\gamma\gamma}. \tag{9}$$

Anderseits ist wegen (4)

$$\frac{K_{\alpha\alpha}}{\alpha^2} = \frac{K_{\beta\beta}}{\beta^2} = \frac{K_{\gamma\gamma}}{\gamma^2} = \frac{K_{\beta\gamma}}{\beta\gamma} = \frac{K_{\gamma\alpha}}{\gamma\alpha} = \frac{K_{\alpha\beta}}{\alpha\beta} = \frac{1}{K} \tag{10}$$

und wegen (1), (9) somit

$$R_1 R_2 = \frac{1}{K}$$

oder auch zusammenfassend

$$- \begin{vmatrix} H_{\alpha\alpha} & H_{\alpha\beta} & H_{\alpha\gamma} & a \\ H_{\beta\alpha} & H_{\beta\beta} & H_{\beta\gamma} & b \\ H_{\gamma\alpha} & H_{\gamma\beta} & H_{\gamma\gamma} & c \\ a & b & c & 0 \end{vmatrix} = (a\alpha + b\beta + c\gamma)^2 R_1 R_2 \tag{11}$$

für alle a, b, c.

IV. Verhalten des Krümmungsmaßes bei der Versteifung

Überträgt man, was keine Schwierigkeiten bietet, den Begriff der konvexen Funktion auf drei Veränderliche, so sieht man, daß die positive Wurzel

$$\sqrt{rt - s^2}$$

(nach oben) konvex ist im Gebiet $rt - s^2 > 0$. Genau dasselbe Ergebnis nur etwas anders ausgedrückt wurde auch schon in § 25, V., S. 125 oben hergeleitet. Aus den Formeln (10) folgt daher, daß

$$U = \sqrt{R_1 R_2} = \frac{1}{\sqrt{K}}$$

bei festgehaltenen α, β, γ in H konvex ist: d. h. es ist

$$U\{(1 - \vartheta) H^{(0)} + \vartheta H^{(1)}\} \geqq (1 - \vartheta)\, U(H^{(0)}) + \vartheta\, U(H^{(1)})$$

für

$$0 \leqq \vartheta \leqq 1.$$

In U hat man also ein *Beispiel eines konvexen Differentiationsprozesses.* Setzen wir insbesondere

$$H^{(0)} = H(+\alpha, \beta, \gamma), \quad H^{(1)} = H(-\alpha, \beta, \gamma)$$
$$\vartheta = \tfrac{1}{2},$$

so erhalten wir die schon auf S. 103 betrachtete Symmetrisierung an der Ebene $x = 0$ und finden also, daß sich bei dieser das Minimum von $U = \sqrt{R_1 R_2}$ nicht verkleinert und demnach die Bedingung $R_1 R_2 \geqq B^2$ aufrecht erhalten bleibt. Symmetrisieren wir noch nachträglich an einer Ebene $x \cos\omega - y \sin\omega = 0$ (ω irrationales Vielfaches von π) und dann wieder an $x = 0$ usf. abwechselnd, so kommen wir durch Grenzübergang zur Versteifung (vergl. § 21). Für die so gefundene versteifte Fläche gilt daher nach § 25, VI S. 126 ebenfalls $\bar{R}_1 \bar{R}_2 \geqq B^2$.

Daraus ergibt sich das gewünschte Ergebnis:

Das Minimum von $\bar{R}_1 \bar{R}_2$ auf der versteiften Fläche $\bar{\mathfrak{F}}$ ist größer (nicht kleiner) als das entsprechende Minimum auf der ursprünglichen Fläche $\mathfrak{F}$. Oder: *Das Maximum des Krümmungsmaßes auf $\bar{\mathfrak{F}}$ ist nicht größer als das auf $\mathfrak{F}$.*

Die Bedingung

$$K \leqq \frac{1}{B^2}$$

bleibt also bei der Versteifung erhalten.

Bemerken wir schließlich auch noch, daß wir der Drehfläche $\bar{\mathfrak{F}}$, ohne die Voraussetzungen (A) und (B) (S. 136) zu verletzen, eine zur Drehachse senkrechte Symmetrieebene und damit einen Mittelpunkt geben können, indem wir die Fläche $\bar{\mathfrak{F}}$ mit der zur Äquatorialebene symmetrischen linear kombinieren

$$\tfrac{1}{2}\tilde{H}(+\psi) + \tfrac{1}{2}\tilde{H}(-\psi).$$

V. Käseförmige Drehflächen konstanten Krümmungsmaßes

Dreht man die Kurve

$$x = \sqrt{R_0^2 - B^2 \sin^2\psi}, \quad y = 0,$$

$$z = \int_0^{\psi} \sqrt{R_0^2 - B^2 \sin^2\psi}\, d\psi - (R_0^2 - B^2) \int_0^{\psi} \frac{d\psi}{\sqrt{R_0^2 - B^2 \sin^2\psi}},$$

$$-\frac{\pi}{2} \leqq \psi \leqq +\frac{\pi}{2}$$

um die z-Achse, so beschreibt sie eine Fläche vom konstanten Krümmungsmaß $K = 1 : B^2$,[1] die, wenn man sie durch Hinzufügung

[1] Man vgl. z. B. wieder Scheffers, Flächentheorie, S. 139 ff. und die Formeltafeln von Jahnke, Emde, S. 46 ff.

zweier Kreisscheiben vom Halbmesser $\sqrt{R_0^2 - B^2}$ zu einer geschlossenen konvexen Fläche erweitert, einen konvexen Körper begrenzt, der etwa die Form eines Harzer Käses hat (Figur 26). Der Parameter ψ bedeutet dabei wieder den Winkel der Flächennormalen mit der Äquatorebene. Wir wollen daher diese Drehflächen konstanten Krümmungsmaßes „käseförmig" nennen zum Unterschied von

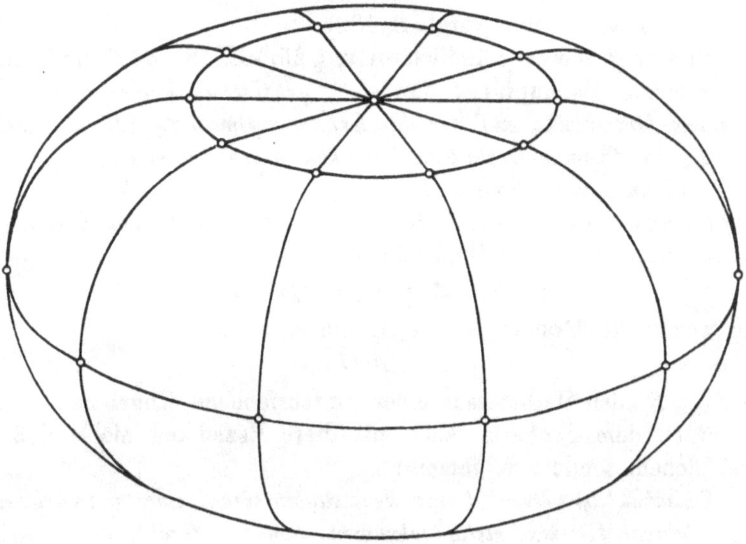

Fig. 26.

den zuvor betrachteten spindelförmigen. Der Abstand der beiden kreisförmigen Basen, das ist die Dicke des Käses, ergibt sich

$$\Delta_0 = \Delta_0(B, R_0) = 2\int_0^{\pi/2} \sqrt{R_0^2 - B^2 \sin^2\psi}\, d\psi - 2(R_0^2 - B^2)\int_0^{\pi/2} \frac{d\psi}{\sqrt{R_0^2 - B^2\sin^2\psi}}.$$

Man kann leicht ohne Rechnung einsehen, daß die Funktion $\Delta_0(B, R_0)$ monoton abnehmend in R_0 ist

$$\Delta_0(B, R_0) > \Delta_0(B_0 \bar{R}_0)$$

für

$$0 < R_0 < \bar{R}_0.$$

Es ist nämlich für die zugehörigen Meridiankurven

$$x(\psi) = \sqrt{R_0^2 - B^2 \sin^2\psi} < \bar{x}(\psi) = \sqrt{\bar{R}_0^2 - B^2 \sin^2\psi}$$

und da für die entsprechenden Krümmungshalbmesser der Meridiankurven die Gleichung gilt

$$B^2 = R_1 R_2 = \frac{x(\psi)}{\cos\psi} \cdot \varrho(\psi) = \frac{\bar{x}(\psi)}{\cos\psi} \cdot \bar{\varrho}(\psi),$$

so folgt

$$\varrho(\psi) > \bar{\varrho}(\psi)$$

und daraus für

$$\Delta_0 = \int_{-\pi/2}^{+\pi/2} \varrho(\psi)\cos\psi\, d\psi, \qquad \bar{\Delta}_0 = \int_{-\pi/2}^{+\pi/2} \bar{\varrho}(\psi)\cos\psi\, d\psi$$

$$\bar{\Delta}_0 > \Delta_0,$$

wie wir zeigen wollten (vergl. S. 132).

Man zeigt nun ganz ähnlich wie in § 25, VIII, S. 130 ff. die Richtigkeit folgender Behauptung: *Eine stetig gekrümmte konvexe Drehfläche mit einem Mittelpunkt, auf der das Krümmungsmaß* $\leqq 1:B^2$ *ist, enthält stets die käseförmige Drehfläche vom konstanten Krümmungsmaß* $1:B^2$, *die denselben Äquatorkreis hat.*

Daraus ergibt sich zwischen der Dicke Δ und dem Halbmesser des Äquatorkreises die Ungleichheit

$$\Delta > \Delta_0(B, R_0)$$

und wegen der Monotonie von Δ_0 um so mehr

$$\Delta > \Delta_0(B, S),$$

wo $S \geqq R_0$ den Halbmesser einer umschriebenen Kugel bedeutet.

Nach dem Früheren aber gilt diese Beziehung nicht bloß für Drehflächen, sondern allgemein:

Zwischen der Dicke Δ und dem Halbmesser S einer umschriebenen Kugel besteht für eine stetig gekrümmte konvexe Fläche, deren Krümmungsmaß $\leqq 1:B^2$ *ist, die Ungleichheit*

$$\Delta > 2\int_0^{\pi/2} \sqrt{S^2 - B^2\sin^2\psi}\, d\psi - 2(S^2 - B^2)\int_0^{\pi/2} \frac{d\psi}{\sqrt{S^2 - B^2\sin^2\psi}}.$$

Man kommt dabei der Gleichheit beliebig nahe, wenn die Fläche sich einer käseförmigen Drehfläche vom konstanten Krümmungsmaß $1:B^2$ *nähert.*

Die Notwendigkeit von $S \geqq B$ (= nur für die Kugel) beweist man genau analog wie die frühere entsprechende Ungleichheit $R \leqq \Delta$ (S. 130 und 134).

VI. Verhalten der mittleren Krümmung beim Versteifen

Nach IV verhielt sich das Produkt $R_1 R_2$ der Hauptkrümmungshalbmesser bei linearer Kombination der Stützfunktionen als Quadrat der positiven konvexen Funktion U selbst konvex[1]

$$R_1 R_2 \{(1-\vartheta) H^{(0)} + \vartheta H^{(1)}\} \geqq (1-\vartheta)\cdot R_1 R_2 (H^{(0)}) + \vartheta R_1 R_2 (H^{(1)}).$$

[1] In den folgenden Formeln sind $R_1 R_2$ und $(R_1 + R_2)$ nicht als Zahlzeichen, sondern als Differentialoperationen zu deuten.

Anderseits folgt sofort aus (9) S. 140, daß sich die Summe der Krümmungshalbmesser linear kombiniert

$$(R_1 + R_2)\{(1 - \vartheta) H^{(0)} + \vartheta H^{(1)}\}$$
$$= (1 - \vartheta)(R_1 + R_2)(H^{(0)}) + \vartheta (R_1 + R_2)(H^{(1)}).$$

Demnach gelten für die „mittlere Krümmung“

$$\frac{R_1 + R_2}{R_1 R_2} = \frac{1}{R_1} + \frac{1}{R_2} = N$$

die Abschätzungen

$$N\{(1 - \vartheta) H^{(0)} + \vartheta H^{(1)}\} \leqq \frac{(1 - \vartheta)(R_1 + R_2)(H^{(0)}) + \vartheta (R_1 + R_2)(H^{(1)})}{(1 - \vartheta) R_1 R_2 (H^{(0)}) + \vartheta R_1 R_2 (H^{(1)})},$$

$$\frac{1}{N}\{(1 - \vartheta) H^{(0)} + \vartheta H^{(1)}\} \geqq \frac{(1 - \vartheta) R_1 R_2 (H^{(0)}) + \vartheta R_1 R_2 (H^{(1)})}{(1 - \vartheta)(R_1 + R_2)(H^{(0)}) + \vartheta (R_1 + R_2)(H^{(1)})}.$$

Da die Funktionen von ϑ auf der rechten Seite monoton sind, so haben wir das Ergebnis:

$$N\{(1 - \vartheta) H^{(0)} + \vartheta H^{(1)}\}$$

liegt zwischen

$$N(H^{(0)}) \quad \textit{und} \quad N(H^{(1)}).$$

Insbesondere gilt dies für die Symmetrisierung von S. 103. Durch Wiederholung und Grenzübergang ergibt sich für die Versteifung:

Genügt die mittlere Krümmung auf einer stetig gekrümmten konvexen Fläche $\mathfrak{F}$ den Ungleichheiten

$$\frac{1}{P} \leqq \frac{1}{R_1} + \frac{1}{R_2} \leqq \frac{1}{Q},$$

so gelten dieselben Ungleichheiten auch auf jeder Drehfläche $\mathfrak{F}$, die aus $\mathfrak{F}$ durch Versteifung erhalten wird.

Dies kann man dazu verwenden, um die Aufgaben zu behandeln, die man aus den Problemen von S. 119 und 136 erhält, wenn man statt für das Krümmungsmaß für die mittlere Krümmung Beschränkungen einführt.

Anhang.

Ausblick auf weitere Untersuchungen über konvexe Körper.

Ausgehend von den isoperimetrischen Eigenschaften von Kreis und Kugel sind wir naturgemäß zu den viel allgemeineren Gebilden „konvexer Bereich“ und „konvexer Körper“ geführt worden. Man darf vielleicht mit einiger Berechtigung die Behauptung wagen: Der Untersuchung dieser Gebilde kommt für die heutige geometrische Forschung eine ähnlich wichtige Rolle zu, wie sie einst, zur Zeit der Erfindung der projektiven Geometrie, andere Verallgemeinerungen von Kreis und Kugel eingenommen haben, nämlich die Kegelschnitte und die Flächen zweiter Ordnung. Es ist natürlich, daß man von einer geometrischen Figur um so mehr aussagen kann, je mehr kennzeichnende Eigenschaften der Figur man als bekannt voraussetzt. Deshalb ist es besonders merkwürdig, daß sich aus der schwachen Forderung der Konvexität eine solche Fülle schöner und tiefliegender Folgerungen ziehen läßt.

Es wäre heute vielleicht schon an der Zeit, eine zusammenfassende Darstellung der bisherigen Ergebnisse aus der Theorie der konvexen Körper zu geben. Das liegt aber durchaus nicht im Plane dieses kleinen Buches. Indessen wird es möglicherweise manchem nicht unwillkommen sein, wenn jetzt zu guter Letzt noch ein kurzer Bericht angefügt wird über weitere hierher gehörige Einzeluntersuchungen. Dabei sollen mehrfach Mitteilungen von G. Herglotz verwertet werden.

Konvexe Kurven und Flächen haben, wenn wir geradlinige Teile ausschließen, die Eigenschaft, von einer Geraden höchstens in zwei Punkten getroffen zu werden, sind also, wie man sich ausdrücken kann (im allgemeinen) *nicht analytische* Gebilde von „zweiter Ordnung“, denen die Kegelschnitte und „Quadriken“ als *analytische* Gebilde zweiter Ordnung gegenüberstehen. In neuerer Zeit haben besonders zwei dänische Geometer, nämlich Ch. S. Juel und J. Hjelmslev systematisch solche nicht analytische Gebilde auch von höherer Ordnung untersucht. In diese neue Art von Geometrie, die einerseits zwischen der Analysis Situs und der projektiven Geometrie und anderseits zwischen der Analysis Situs und der Elementargeometrie ein Zwischenglied bildet, gehört auch als erster und grundlegender Teil die Geometrie des Konvexen. Dabei wird allerdings von den beiden dänischen Geometern das Hauptgewicht auf *projektive* Eigenschaften der nicht analytischen Gebilde gelegt, während hier die im Sinne von FELIX KLEINs „Erlanger Programm"[1] *elementargeometrischen* im Vordergrunde stehen[2].

I. Flächeninhalte der Normalrisse eines konvexen Körpers.

Wir setzen die geschlossene konvexe Begrenzungsfläche eines konvexen Körpers im folgenden der Kürze halber als regulär und analytisch mit von Null verschiedenem Krümmungsmaß voraus und sprechen in diesem Sinne kurz von einer „*Eifläche*".

Wir wollen einen Zusammenhang herstellen einerseits zwischen den Flächeninhalten, anderseits zwischen den Umfängen aller Normalrisse (senkrechten Projektionen) einer solchen Eifläche.

Wir denken uns unsere Eifläche $\mathfrak{E}$ durch parallele äußere Normalen eineindeutig abgebildet auf die Einheitskugel und bezeichnen entsprechende Oberflächenelemente mit $d\,o$ und $d\,\omega$. Dann ist das GAUSSische Krümmungsmaß K von $\mathfrak{E}$ erklärt durch

$$d\,o = \frac{d\,\omega}{K}\,.$$

Es sei nun ϱ die Richtung der parallelen Projektionsstrahlen und mit demselben Buchstaben sei auch der Punkt der Einheitskugel bezeichnet, dessen Halbmesser (Radiusvektor) die Richtung ϱ hat. Dann ist der Flächeninhalt des Normalrisses von $\mathfrak{E}$ in der Richtung ϱ durch den Ausdruck gegeben

$$\text{(I)} \qquad F_\varrho = \tfrac{1}{2}\int |\cos\widehat{\varrho\,\sigma}|\; d\,o_\sigma = \tfrac{1}{2}\int \frac{|\cos\widehat{\varrho\,\sigma}|}{K_\sigma}\, d\,\omega_\sigma\,.$$

Dabei ist die zweite Integration über alle Punkte σ der Einheitskugel zu erstrecken.

Wir wollen nun F_ϱ als „Stützfunktion" (S. 55) auffassen, indem wir zu einem festen Punkt zwei zur Richtung ϱ senkrechte Ebenen zeichnen, die von diesem festen Punkt beide die Entfernung F_ϱ haben.

---

[1] Erlangen 1872. Abgedruckt in den Mathem. Annalen 43, 1893.

[2] Über Untersuchungen im Sinne von JUEL und HJELMSLEV vgl. J. HJELMSLEV: Die natürliche Geometrie, Abh. Math. Seminar, Hamburg 2 (1923), und L. LOCHER-ERNST, Einführung in die freie Geometrie ebener Kurven, Birkhäuser, Basel 1951.

Dann, behaupten wir, umhüllen alle diese Ebenen eine neue Eifläche. Mit anderen Worten:

Konstruiert man senkrecht zu den Erzeugenden jedes $\mathfrak{E}$ umschriebenen Zylinders zwei parallele Ebenen, deren Entfernung von einem festen Punkt gleich dem Flächeninhalt des Zylinderquerschnitts ist, so umhüllen alle diese Ebenen wieder eine Eifläche, und zwar eine Eifläche, die den festen Punkt als Mittelpunkt hat.

Das ergibt sich mittels der Integraldarstellung (I) der Stützfunktion F_ϱ daraus, daß einerseits $K_\sigma > 0$ ist und anderseits $|\cos \widehat{\varrho\,\sigma}|$ bei festem σ Stützfunktion eines konvexen Körpers ist, nämlich der Strecke von der Richtung σ und der Länge Zwei. Durch positive Linearkombination erhält man aber aus Stützfunktionen konvexer Körper wieder solche (S. 94).

Man kann das auch so einsehen. Führt man die rechtwinkligen Koordinaten der Punkte ϱ, σ auf der Einheitskugel ein, so kann man die Formel (I) auch schreiben:

$$F(\alpha_\varrho, \beta_\varrho, \gamma_\varrho) = \tfrac{1}{2}\int \frac{|\alpha_\varrho \alpha_\sigma + \beta_\varrho \beta_\sigma + \gamma_\varrho \gamma_\sigma|}{K_\sigma}\, d\omega_\sigma .$$

Hier ist die Stützfunktion positiv homogen im ersten Grade in bezug auf die Koordinaten α_ϱ, β_ϱ, γ_ϱ, wie das bei Minkowski stets angenommen ist, und man erkennt sofort die Richtigkeit der für diese Normierung gültigen Konvexitätsbedingung[1]

$$F(\alpha_1 + \alpha_2, \beta_1 + \beta_2, \gamma_1 + \gamma_2) \leqq F(\alpha_1, \beta_1, \gamma_1) + F(\alpha_2, \beta_2, \gamma_2).$$

Aus dem gefundenen Ergebnis ergibt sich u. a. sofort die Richtigkeit einer von Carathéodory vermutungsweise aufgestellten Behauptung: *Sind F_1, F_2, F_3 die Flächeninhalte der Normalrisse eines konvexen Körpers in drei senkrechten Richtungen, so gilt für den Inhalt F irgend eines Normalrisses*

$$F^2 \leqq F_1^2 + F_2^2 + F_3^2.$$

II. Umfänge der Normalrisse eines konvexen Körpers

Machen wir in der Formel (I) die Hauptkrümmungshalbmesser R_1, R_2 im Punkte σ einzeln sichtbar

$$2\,F_\varrho = \int |\cos \widehat{\varrho\,\sigma}| \cdot (R_1 R_2)_\sigma \cdot d\omega_\sigma$$

und wenden wir dieselbe Formel anstatt auf unsere Eifläche $\mathfrak{E}$ auf die

[1] Minkowski, Ges. Werke, II, S. 231 f. Dieselbe Normierung der Stützfunktion wurde auch in diesem Buche auf S. 139 benutzt.

konvexe Parallelfläche im Abstand ε (nach außen) an, so ergibt sich

$$2\{F_\varrho + L_\varrho \varepsilon + \pi \varepsilon^2\} = \int |\cos \widehat{\varrho\sigma}| \cdot (R_1 + \varepsilon)_\sigma (R_2 + \varepsilon)_\sigma \cdot d\omega_\sigma,$$

wenn wir mit L_ϱ den Umfang des Normalrisses bezeichnen. Die Vergleichung der Glieder erster Ordnung in ε gibt das bemerkenswerte Ergebnis

$$\text{(II)} \qquad 2 L_\varrho = \int |\cos \widehat{\varrho\sigma}| \cdot (R_1 + R_2)_\sigma \cdot d\omega_\sigma.$$

Da $R_1 + R_2 > 0$ ist, folgt hieraus ein ganz entsprechender Satz wie aus (I):

Errichtet man senkrecht auf die Erzeugenden jedes einer Eifläche $\mathfrak{E}$ umschriebenen Zylinders Ebenen, deren Entfernung von einem festen Punkt gleich dem Umfang des Zylinderquerschnitts ist, so umhüllen diese Ebenen eine Eifläche mit Mittelpunkt.

Man bemerkt nebenbei sofort, daß die Überlegung, die von (I) nach (II) führt, sich sofort auf die Normalrisse eines konvexen Körpers im n-dimensionalen ($n \geqq 2$) Raume anwenden läßt. Unter den Integralzeichen treten die symmetrischen Grundfunktionen[1] der n Hauptkrümmungshalbmesser auf.

Schließlich wollen wir die Formel (II) auch noch so schreiben, daß wir die Stützfunktion H von $\mathfrak{E}$ einführen. Dann wird (vergl. Formel (L) von S. 107)

$$(*) \qquad L_\varrho = \int_{\mathfrak{K}_\varrho} H_\sigma\, d\sigma,$$

wo das Integral über die Bogenelemente $d\sigma\,(> 0)$ des Großkreises $\mathfrak{K}_\varrho$ der Einheitskugel zu erstrecken ist, dessen Ebene auf der Richtung ϱ senkrecht steht. Für $R_1 + R_2$ gilt die schon einmal benutzte Formel WEINGARTENS (vgl. S. 110)

$$R_1 + R_2 = 2H + \Delta_2 H.$$

Wir finden also

$$(**) \qquad 2\int_{\mathfrak{K}_\varrho} H_\sigma\, d\sigma = \int |\cos \widehat{\varrho\sigma}| \cdot (2H + \Delta_2 H)_\sigma \cdot d\omega_\sigma,$$

eine auf anderem Wege[2] von G. HERGLOTZ gefundene Formel, die später verwendet werden soll.

---

[1] Vergl. z. B. das Lehrbuch der Algebra von H. WEBER, 1. Bd., Braunschweig 1898, S. 156.

[2] Nach GREEN ist (vergl. DARBOUX III, S. 200)

$$\int_{\mathfrak{K}_\varrho} \left(\varphi \frac{d\psi}{dn} - \psi \frac{d\varphi}{dn}\right) d\sigma = \int_{\mathfrak{H}_\varrho} (\varphi\, \Delta_2 \psi - \psi\, \Delta_2 \varphi)\, d\omega,$$

Die Funktion L_ϱ auf der Einheitskugel, die aus der Funktion H_σ auf dieser Kugel durch Integration längs der Großkreise $\mathfrak{K}_\varrho$ gewonnen wird, nennt man nach P. FUNK[1] das *„Kreisintegral“* von H_σ. Unter Verwendung dieser Ausdrucksweise läßt sich das frühere Ergebnis so ausdrücken:

Das Kreisintegral der Stützfunktion einer Eifläche ist wieder Stützfunktion einer Eifläche.

III. Minkowskis Körper konstanter Breite [2]

Wir wollen nach MINKOWSKI eine Eifläche *„von konstanter Breite“* nennen, wenn je zwei parallele Tangentenebenen eine feste Entfernung D haben (vergl. die Anmerkung auf S. 138). Nennen wir $+\sigma$ und $-\sigma$ zwei diametral gegenüberliegende Punkte der Einheitskugel, so gilt für die Stützfunktion einer Eifläche konstanter Breite die kennzeichnende Beziehung

$$H_{+\sigma} + H_{-\sigma} = D .$$

Wenden wir daher die Formel (*) für den Umfang (der Querschnitte) der umschriebenen Zylinder an, so sehen wir sofort, daß aus der Konstanz der Breite die Konstanz des Umfangs folgt

$$L_\varrho = \int\limits_{\mathfrak{K}_\varrho} H_\sigma \, d\sigma = \int\limits_0^\pi H_\sigma \, d\sigma + \int\limits_0^\pi (D - H_\sigma) \, d\sigma = \pi D .$$

MINKOWSKI hat aber bemerkt, daß auch die Umkehrung richtig ist, daß man sich somit so ausdrücken kann:

Die konvexen Körper konstanter Breite sind identisch mit denen konstanten Umfangs.

Dazu ist also zu beweisen, daß aus

$$\int\limits_{\mathfrak{K}_\varrho} H_\sigma \, d\sigma = \pi D \ (= \text{konst.})$$

folgt

$$H_{+\sigma} + H_{-\sigma} = D .$$

---

wenn $\mathfrak{H}_\varrho$ die Halbkugel mit dem Mittelpunkt ϱ und n die äußere Normale von $\mathfrak{K}_\varrho$ bedeutet. Setzt man darin $\varphi = H$ und $\psi = \alpha\,\alpha_\varrho + \beta\,\beta_\varrho + \gamma\,\gamma_\varrho$, so wird

$$[\psi]_{\mathfrak{K}_\varrho} = 0 , \qquad \left[\frac{d\psi}{dn}\right]_{\mathfrak{K}_\varrho} = -1 , \qquad \Delta_2 \psi = -2\psi$$

und das gibt in die Formel von GREEN eingesetzt gerade die obige Gleichung (**).

[1] Flächen mit lauter geschlossenen geodätischen Linien, Mathem. Annalen 74 (1913), bes. S. 284; Bearbeitung einer Göttinger Dissertation von 1911

[2] Über die Körper konstanter Breite, Ges. W. II, S. 277—279.

Wir wollen die Funktion H_σ auf der Kugel in einen „geraden" Bestandteil F_σ, für den

$$F_{+\sigma} - F_{-\sigma} = 0$$

und in einen „ungeraden" Bestandteil G_σ, für den

$$G_{+\sigma} + G_{-\sigma} = 0$$

ist, zerlegen

$$H_\sigma = F_\sigma + G_\sigma.$$

Dazu hat man zu setzen

$$F_\sigma = \tfrac{1}{2}(H_{+\sigma} + H_{-\sigma})$$

und

$$G_\sigma = \tfrac{1}{2}(H_{+\sigma} - H_{-\sigma}).$$

Unsere Aufgabe ergibt für den geraden Teil F die Bedingung

$$\int_{\mathfrak{K}_\varrho} F_\sigma \, d\sigma = \pi D$$

und wir haben daraus $2 F_\sigma = D$ herzuleiten. Führt man noch

$$F_\sigma - \frac{D}{2} = \Phi_\sigma$$

ein, so ist für die gerade Funktion Φ_ϱ aus dem Verschwinden des Kreisintegrals

$$\int_{\mathfrak{K}_\varrho} \Phi_\sigma \, d\sigma = 0$$

das Verschwinden der Funktion zu erschließen.

Minkowski beweist das dadurch, daß er Φ_ϱ nach Kugelfunktionen entwickelt und indem er bemerkt, daß das Kreisintegral einer Kugelfunktion gerader Ordnung sich von der Funktion selbst nur um einem konstanten Faktor unterscheidet.[1] Funk erreicht dasselbe Ziel auch ohne Reihenentwicklung auf elementarem Wege.[2]

Es sei erwähnt, daß es über das zweidimensionale Analogon der Eiflächen konstanter Breite, nämlich über die konvexen Kurven konstanter Breite, eine ausgedehnte Literatur gibt, die bis auf L. Euler zurückgeht und mit dem sogenannten „Nadelproblem" der Wahrscheinlichkeitsrechnung zusammenhängt.[3]

IV. Körper konstanter Helligkeit.

Es liegt der Gedanke nahe, die Fragestellung Minkowskis etwas abzuändern und nach allen Eiflächen zu fragen, für die die Quer-

[1] Vgl. Formel (Φ) in der Anmerkung auf S. 155.

[2] Mathem. Annalen 74, S. 286.

[3] Zitate findet man in den Mathem. Annalen 76 (1915), S. 504. Das Nadelproblem heißt nach seinem Erfinder auch „Aufgabe von G. Buffon". Vgl. A. A. Markoff (Liebmann), Wahrscheinlichkeitsrechnung, Leipzig u. Berlin 1912, S. 164, 167. Ferner W. Blaschke, Integralgeometrie, 3. Auflage, Berlin. Deutscher Verlag der Wissenschaften 1956.

schnittsflächeninhalte der umschriebenen Zylinder konstant sind. Der von einer solchen Fläche umschlossene Körper soll nach HERGLOTZ ein Eikörper „konstanter Helligkeit" heißen. Wir denken uns nämlich, daß seine Oberfläche gleichmäßig Licht aussendet, und daß die Helligkeit, unter der man den Körper aus einer Richtung sieht, proportional dem Flächeninhalt des Normalrisses in dieser Richtung ist.[1]

Will man das GAUSSische Krümmungsmaß

$$K = \frac{1}{R_1 R_2}$$

einer solchen Eifläche als Funktion der Normalenrichtung ermitteln, wodurch nach MINKOWSKI die Eifläche im Wesentlichen eindeutig bestimmt ist[2], so hat man nach Formel (I) von S. 147 die „Integralgleichung erster Art"

$$\text{konst.} = \int |\cos \widehat{\varrho\sigma}| \cdot (R_1 R_2)_\sigma \cdot d\omega_\sigma$$

aufzulösen.

Durch Zerlegung in geraden und ungeraden Bestandteil kommt man wie im vorigen Abschnitt III zum Ergebnis, daß die Bedingung

$$(R_1 R_2)_{+\sigma} + (R_1 R_2)_{-\sigma} = \text{konst.}$$

notwendig und hinreichend ist für Eikörper konstanter Helligkeit, wenn man nur zeigen kann, daß aus Gleichung

$$\int |\cos \widehat{\varrho\sigma}| \cdot \Phi_\sigma \, d\omega_\sigma = 0$$

für die *gerade* Funktion Φ_σ das identische Verschwinden folgt.

Das kann man nach HERGLOTZ so beweisen, daß man wieder in gerade Kugelfunktionen entwickelt, die „Eigenfunktionen" unserer Integralgleichung[3] sind, oder auch dadurch, daß man mittels der Formel (**) von S. 149 auf die Auflösung der früheren Funktionalgleichung mit dem Kreisintegral zurückgeht, worauf wir noch zurückkommen (S. 154).[4]

Wir finden also: ***Eine Eifläche ist dann und nur dann von konstanter***

---

[1] Vgl. die Dissertation von HERGLOTZ, Über die scheinbaren Helligkeitsverhältnisse ..., München 1902.

[2] Ges. Werke II, S. 130, 270 ff. Man sehe auch die Angaben dieses Buches auf S. 164 oben.

[3] Man vgl. die Formel (I') in der Anmerkung auf S. 155.

[4] Man vgl. den Vortrag des Verfassers: Aufgaben der Differentialgeometrie im großen, Sitzungsberichte der Berliner mathematischen Gesellschaft **15** (1916), Sitzung vom 15. XII. 1915, S. 62—67.

Helligkeit, wenn zwischen den Hauptkrümmungshalbmessern in Punkten mit parallelen Tangentenebenen die Beziehung besteht

$$(R_1 R_2)_{+\varrho} + (R_1 R_2)_{-\sigma} = \text{konst.}$$

Die beigegebene Fig. 27 gibt ein einfaches Beispiel für den Meridianschnitt eines Eidrehkörpers konstanter Helligkeit, dessen Begrenzung

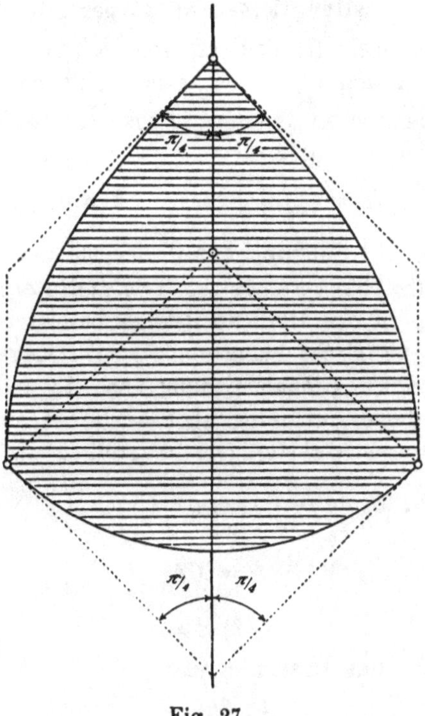

Fig. 27.

allerdings nicht analytisch ist. Die Meridiankurve kann in rechtwinkligen Koordinaten x, y, z mittels eines Parameters φ so dargestellt werden:

$$\left.\begin{aligned} x &= \frac{A}{\sqrt{2}} \cos\varphi, \qquad y = 0, \\ z &= A \int_0^{\varphi} \sqrt{1 - \frac{\sin^2\varphi}{2}} \cdot d\varphi \end{aligned}\right\} \text{für } 0 \leqq \varphi \leqq \frac{\pi}{2};$$

$$\left.\begin{aligned} x &= A \cos\left(\frac{\pi}{4} - \varphi\right), \quad y = 0 \\ z &= A\left\{\frac{1}{\sqrt{2}} - \sin\left(\frac{\pi}{4} - \varphi\right)\right\} \end{aligned}\right\} \text{für } -\frac{\pi}{4} \leqq \varphi \leqq 0.$$

Dabei ist die z-Achse Drehachse. Die entstehende Drehfläche ist aus einem Stück einer Drehfläche konstanten Krümmungsmaßes und aus einem Stück einer Kugel zusammengestückt. Es ist zu beachten, daß das Krümmungsmaß an der Kante und an der Spitze der Eifläche gleich Null zu setzen ist.

V. Integraldarstellung konvexer Körper mit Mittelpunkt

Nach den Formeln (I) und (II) von S. 147 und 149 liegt es nahe, die Stützfunktion H_ϱ irgend einer Eifläche mit Mittelpunkt mittels des symmetrischen „Kernes“ $|\cos \widehat{\varrho\sigma}|$ in der Form darzustellen:

$$(\dagger) \qquad H_\varrho = \frac{1}{4\pi}\int |\cos \widehat{\varrho\sigma}|\, h_\sigma\, d\omega_\sigma.$$

Wir wollen dabei die Funktion h_σ auf der Einheitskugel immer als gerade Funktion (S. 151) voraussetzen und die Integration ist wieder über die ganze Oberfläche der Einheitskugel zu erstrecken. Dann ist, wie man mittels der Entwicklung von h_σ nach Kugelfunktionen einsehen kann, diese Funktionalgleichung nach h_σ eindeutig auflösbar.

Man kann diese Auflösung aber auch auf anderem Wege in geschlossener Form bewerkstelligen. Schreiben wir für

$$H_\varrho = \frac{1}{4\pi}\int |\cos \widehat{\varrho\sigma}| \cdot h_\sigma \cdot d\sigma$$

zur Abkürzung

$$H = \Gamma h,$$

setzen wir ferner

$$(\triangle_2 + 2) H = \nabla H$$

und schließlich für das Kreisintegral

$$\frac{1}{2\pi}\int_{\mathfrak{K}_\varrho} H_\sigma\, d\sigma$$

die Abkürzung ΦH, so können wir die Formel (**) von S. 149 so abkürzen

$$\Phi H = \Gamma \nabla H$$

oder

$$\Phi = \Gamma \nabla.$$

Deutet man die inversen Operationen durch die Marke -1 an, so folgt daraus[1]

[1] Zieht man die Entwicklung nach Kugelfunktionen heran, so sieht man sofort, daß auch $\Phi = \nabla \Gamma$ und daher $\Gamma^{-1} = \Phi^{-1}\nabla$ ist. Für eine Kugelfunktion X_n vom Grade n gilt nämlich die Differentialgleichung (Vgl. (5) S. 108)

$$(\nabla) \qquad \nabla X_n = -(n-1)(n+2) X_n$$

$$\Gamma^{-1} = \nabla \Phi^{-1}.$$

Man kann also die Umkehrung der Operation Γ aus der Umkehrung von Φ durch Differentiation herleiten.

Die Umkehrung von Φ hat aber P. Funk auf die Auflösung der von N. H. Abel beim Problem der Tautochrone benutzten Integralgleichung zurückgeführt.[1] Nimmt man den Punkt ϱ als Nordpol eines Systems von Polarkoordinaten auf der Einheitskugel und bedeutet φ die geographische Länge, $\pi/2 - \Theta$ die Breite, so setze man

$$\bar{H}_\varrho(\Theta) = \frac{1}{2\pi}\int_{-\pi}^{+\pi} H(\Theta, \varphi)\, d\varphi,$$

dann findet man nach Funk für die Kreisintegralgleichung

$$H_\varrho = \frac{1}{2\pi}\int_{\mathfrak{K}_\varrho} f_\sigma\, d\sigma$$

die Lösung

$$f_\varrho = H_\varrho + \int_0^{\pi/2} \frac{d\bar{H}_\varrho(\Theta)}{\cos\Theta}.$$

VI. Formeln für Mittelpunkteiflächen

Für die Koordinaten des Berührungspunktes der Tangentenebene mit der äußeren Normalrichtung ϱ bei einem Eikörper, dessen Stützfunktion in der Integraldarstellung (†) gegeben ist, findet sich durch Differentiation [vgl. (6) S. 140] von (†)

$$x_\varrho = \frac{1}{2\pi}\int \alpha_\sigma \cdot h_\sigma \cdot d\omega_\sigma,\quad y_\varrho = \frac{1}{2\pi}\int \beta_\sigma \cdot h_\sigma \cdot d\omega_\sigma,\quad z_\varrho = \frac{1}{2\pi}\int \gamma_\sigma \cdot h_\sigma \cdot d\omega_\sigma, \tag{1}$$

wenn α_σ, β_σ, γ_σ die Koordinaten des auf der Einheitskugel veränder-

---

und für eine gerade Kugelfunktion ergibt das Kreisintegral

$$(\Phi)\qquad \Phi X_{2m} = (-1)^m \frac{1\cdot 3\cdot 5\cdot\cdot 2m-1}{2\cdot 4\cdot 6\cdot\cdot\cdot 2m} X_{2m}.$$

Schließlich liefert die Operation Γ

$$(\Gamma)\qquad \Gamma X_{2m} = (-1)^{m+1} \frac{1\cdot 3\cdot 5\cdot\cdot\cdot 2m-3}{2\cdot 4\cdot 6\cdot\cdot\cdot 2m+2} X_{2m}.$$

[1] Vgl. die schon genannte Dissertation in Mathem. Ann. 74. Ferner Abel, Resolution d'une problème de mécanique (1826), Oevres, Kristiania 1881, S. 97—101 oder Crelles Journal Bd. 1. Man findet die Auflösung der Integralgleichung Abels wiedergegeben in E. Goursat, Cours d'Analyse mathématique, Paris 1910, Bd. 1, S. 343.

lichen Integrationspunktes σ sind und die drei Integrationen nur über die Halbkugel

$$\alpha_\varrho \alpha_\sigma + \beta_\varrho \beta_\sigma + \gamma_\varrho \gamma_\sigma > 0$$

erstreckt werden.[1]

Durch weitere Differentiationen ergeben sich für die Hauptkrümmungshalbmesser unserer Eifläche im Punkt mit der äußeren Normalenrichtung ϱ die Formeln

$$(R_1 + R_2)_\varrho = (\Delta_2 + 2) H_\varrho = \frac{1}{2\pi} \int\limits_{\mathfrak{K}_\varrho} h_\sigma \, d\sigma, \tag{2}$$

$$(R_1 R_2)_\varrho = \frac{1}{2\pi^2} \int\limits_{\mathfrak{K}_\varrho} \int\limits_{\mathfrak{K}_\varrho} (\sin \widehat{\sigma\tau})^2 h_\sigma h_\tau \, d\sigma \, d\tau, \tag{3}$$

wo $\mathfrak{K}_\varrho$ wieder den Großkreis der Einheitskugel bedeutet, der auf der Richtung ϱ senkrecht steht, und wo $d\sigma$ und $d\tau$ die (positiven) Bogenelemente dieses Kreises sind.

Ferner ergibt sich schließlich eine durch ihre Symmetrie bemerkenswerte Formel für den Rauminhalt J, der von unserer Eifläche umschlossen wird. Es seien

$$\varrho(\alpha_\varrho, \beta_\varrho, \gamma_\varrho); \quad \sigma(\alpha_\sigma, \beta_\sigma, \gamma_\sigma); \quad \tau(\alpha_\tau, \beta_\tau, \gamma_\tau)$$

drei Punkte der Einheitskugel $\alpha^2 + \beta^2 + \gamma^2 = 1$. Wir wollen den absoluten Betrag ihrer Determinante

$$\left| \begin{matrix} \alpha_\varrho & \beta_\varrho & \gamma_\varrho \\ \alpha_\sigma & \beta_\sigma & \gamma_\sigma \\ \alpha_\tau & \beta_\tau & \gamma_\tau \end{matrix} \right|$$

mit $[\varrho, \sigma, \tau]$ bezeichnen. Dann ist

$$\boxed{J = \frac{1}{6\pi^3} \int\int\int [\varrho, \sigma, \tau] \cdot h_\varrho h_\sigma h_\tau \cdot d\omega_\sigma \, d\omega_\varrho \, d\omega_\tau} \tag{4}$$

wo alle drei Integrationen über die ganze Oberfläche der Einheitskugel zu erstrecken sind. Hieraus ergeben sich ferner durch Übergang zu Parallelkörpern für Oberfläche O und Integral M der mittleren Krümmung sofort

$$O = \frac{1}{2\pi^3} \int\int\int [\varrho, \sigma, \tau] \cdot h_\varrho h_\sigma \cdot d\omega_\varrho \, d\omega_\sigma \, d\omega_\tau, \tag{5}$$

$$M = \frac{1}{2\pi^3} \int\int\int [\varrho, \sigma, \tau] \cdot h_\varrho \cdot d\omega_\varrho \, d\omega_\sigma \, d\omega_\tau. \tag{6}$$

[1] Man kann nach diesen Formeln für x_ϱ, y_ϱ, z_ϱ unsere Eifläche als Auftriebsfläche eines Körpers mit Mittelpunkt deuten, der bis zur Hälfte eintaucht. Vgl. S. 85. Die Formeln (1)—(3) und die Ergebnisse des vorigen Abschnitts V hat auch Herr Radon gefunden.

Dafür, daß eine in der Form (†) dargestellte Funktion H Stützfunktion eines konvexen Körpers ist, ist, wie wir schon in den Abschnitten I und II gezeigt haben, $h \geqq 0$ *hinreichend.* Doch ist das offenbar nicht *notwendig* und es wäre wünschenswert die speziellen konvexen Körper, für die $h \geqq 0$ ist, die, wie man sich ausdrücken kann, durch positive Linearkombination aus Strecken entstehen, irgendwie einfach zu kennzeichnen. Durch eine affine Transformation, d. h. durch eine projektive Umformung des Raumes, die das unendlich Ferne unter sich läßt, geht ein solcher spezieller Körper wieder in einen solchen über. Von den Vielflachen sind die dazu zu rechnen, deren sämtliche Seitenflächen je einen Mittelpunkt besitzen.

VII. Kennzeichnung des Ellipsoids unter den Eiflächen

Es läßt sich eine Reihe hübscher geometrischer Fragestellungen dadurch gewinnen, daß man irgend eine altbekannte Eigenschaft des Ellipsoids hernimmt und fragt: Ist diese Eigenschaft für das Ellipsoid unter allen Eiflächen kennzeichnend?

Es sei z. B. ein besonders schönes derartiges Ergebnis erwähnt, auf das H. Brunn in seiner Habilitationsschrift „Über Kurven ohne Wendepunkte“ (München 1889, S. 59) gekommen ist: *Eine Eifläche, die von jeder sie treffenden Ebene nach einer Eilinie mit Mittelpunkt geschnitten wird, ist ein Ellipsoid.*

Hier sei ein ähnliches Ergebnis hergeleitet, das sich in der Variationsrechnung verwerten läßt[1]: *Eine Eifläche, die von jedem umschriebenen Zylinder längs einer ebenen Kurve berührt wird, ist notwendig ein Ellipsoid.*

Bedient man sich der Ausdrucksweise der darstellenden Geometrie, so kann man unsere Aufgabe so fassen: Man soll alle Eiflächen ermitteln, bei denen die Eigenschattengrenze bei jeder Parallelbeleuchtung eben ist.

Zunächst wollen wir allgemeiner alle Eiflächen auffinden, bei denen die Schattengrenzen dann eben sind, wenn die Lichtstrahlen einer festen Ebene („Grundebene“) parallel laufen. Unterwirft man eine solche Eifläche $\mathfrak{E}$ einer geeigneten Affinität, so geht ihre Eigenschaft offenbar nicht verloren. Dabei ist wieder unter „Affinität“ nach Moebius eine solche projektive Umformung verstanden, bei der das unendlich Ferne unter sich bleibt. Legen wir an $\mathfrak{E}$ die zur

[1] Räumliche Variationsprobleme mit symmetrischer Transversalitätsbedingung, Leipziger Berichte, Math.-phys. Klasse 68 (1916), S. 50—55.

Grundebene parallelen Tangentenebenen, so können wir durch eine solche affine Umformung stets erreichen, daß die Verbindungslinie der Berührungspunkte $\mathfrak{p}$ und $\mathfrak{q}$ dieser Tangentenebenen auf die Grundebene senkrecht zu stehen kommt.

Beleuchten wir nun unsere Eifläche $\mathfrak{E}$ durch parallele und „wagerechte", d. h. zur Grundebene $\mathfrak{G}$ parallele Lichtstrahlen, so soll die Eigenschattengrenze $\mathfrak{S}$ eine ebene Linie sein, also weil sie auf $\mathfrak{E}$ liegt, eine Eilinie durch die Pole $\mathfrak{p}$ und $\mathfrak{q}$ des Eies.

Zwei beliebige wagerechte Ebenen schneiden $\mathfrak{E}$ in wagerechten Eilinien $\mathfrak{W}_1$ und $\mathfrak{W}_2$ und die Tangenten an diese Linien in ihren Schnittpunkten mit der Schattengrenze $\mathfrak{S}$ sind parallel. Projizieren wir nun die ganze Figur senkrecht auf die Grundebene. Der gemeinsame Grundriß von $\mathfrak{p}$ und $\mathfrak{q}$ sei $\mathfrak{o}$. Der Grundriß von $\mathfrak{S}$ ist eine Gerade $\mathfrak{S}'$ durch $\mathfrak{o}$, die Grundrisse von $\mathfrak{W}_1$ und $\mathfrak{W}_2$ zwei Eilinien $\mathfrak{W}_1'$ und $\mathfrak{W}_2'$ um $\mathfrak{o}$.

Jede Gerade $\mathfrak{S}'$ durch $\mathfrak{o}$ schneidet somit $\mathfrak{W}_1'$ und $\mathfrak{W}_2'$ in Punkten mit parallelen Tangenten, d. h. aber: $\mathfrak{W}_1'$ und $\mathfrak{W}_2'$ haben $\mathfrak{o}$ als Mittelpunkt und sind ähnlich und zu $\mathfrak{o}$ ähnlich gelegen. Daher sind aber auch $\mathfrak{W}_1$ und $\mathfrak{W}_2$ ähnlich und man sieht, wie man die allgemeine Eifläche der verlangten Art auffindet:

Konstruktionsvorschrift: Man nehme in der Grundebene eine beliebige Eilinie $\mathfrak{W}$ an mit $\mathfrak{o}$ als Mittelpunkt. Man nehme ferner in einer Ebene durch $\mathfrak{p}$ und $\mathfrak{q}$ eine Eilinie $\mathfrak{S}$ an, die zur Verbindungslinie $\mathfrak{p}$ und $\mathfrak{q}$ symmetrisch ist und $\mathfrak{W}$ schneidet. Dann halte man $\mathfrak{p}$ und $\mathfrak{q}$ fest und lasse $\mathfrak{S}$ um die Verbindungslinie dieser Punkte so drehen und sich dabei affin zu sich selbst verändern, daß jeder Punkt von $\mathfrak{S}$ eine zu $\mathfrak{W}$ ähnliche und ähnlich gelegene Eilinie beschreibt. Das Ganze ist eine Verallgemeinerung der Erzeugung der Drehflächen durch Umdrehung des Meridians.

Heben wir hervor: *Es hat sich gezeigt, daß die Schattengrenze* $\mathfrak{S}$ *zur Verbindungslinie der beiden Punkte* $\mathfrak{p}$ *und* $\mathfrak{q}$ *symmetrisch ist.*

Verlangen wir nun von unserer Eifläche $\mathfrak{E}$, daß *jede* Schattengrenze $\mathfrak{S}$ von $\mathfrak{E}$ (immer bei Parallelbeleuchtung!) eben sein soll, so folgt aus dem Vorangehenden, daß jede solche Eilinie $\mathfrak{S}$ zur Verbindungslinie irgend zweier ihrer „gegenüberliegenden" Punkte $\mathfrak{p}$ und $\mathfrak{q}$ symmetrisch, d. h. im allgemeinen schiefwinklig symmetrisch, sein muß, wenn wir Punkte mit parallelen Tangenten gegenüberliegend nennen. Daraus kann man aber schließen, daß $\mathfrak{S}$ eine Ellipse ist, nämlich etwa folgendermaßen.

Man zeichnet leicht zwei solche Symmetrieachsen $\mathfrak{A}$ und $\mathfrak{A}_n$ von $\mathfrak{S}$, daß die (schiefe) Spiegelung an $\mathfrak{A}$ mal der an $\mathfrak{A}_n$ eine gleichsinnige Affinität Φ_n von der Periode 2^n ergibt. Wir transformieren Φ_n durch eine neue Affinität Ψ in eine Drehung $\Phi_n^* = \Psi^{-1} \Phi_n \Psi$ durch den Winkel $2\pi : 2^n$. Die durch Ψ aus $\mathfrak{S}$ entstandene Eilinie $\mathfrak{S}^*$ geht bei der Drehung Φ_n^* in sich über. Hält man $\mathfrak{A}$ fest und setzt anstelle von $\mathfrak{A}_n$ jetzt $\mathfrak{A}_{n+1}$, so wird, sobald $n > 1$ ist, Φ_{n+1} durch *dieselbe* Affinität Ψ in eine Drehung $\Phi_{n+1}^* = \Psi^{-1} \Phi_{n+1} \Psi$ verwandelt wegen $\Phi_{n+1}^{*\,2} = \Phi_n^*$. Daher wird $\mathfrak{S}^*$ durch Drehungen um beliebige Winkel von der Form $2\,m\,\pi : 2^n \{m, n = 1, 2, 3, \ldots\}$ in sich übergeführt, kann also nur ein Kreis sein. Somit war $\mathfrak{S}$ wirklich eine Ellipse.[1]

Bisher ist also gezeigt, daß alle Schattengrenzen von $\mathfrak{E}$ Ellipsen sind. Gehen wir nun zu unserer früheren Konstruktionsvorschrift zurück. Beleuchten wir den dort konstruierten Körper mit lotrecht, d. h. senkrecht zur Grundebene auffallendem Licht, so wird die Schattengrenze eine in einer wagerechten Ebene liegende, zu $\mathfrak{W}$ ähnliche Kurve, die wir durch geeignete Parallelverschiebung der Grundebene mit $\mathfrak{W}$ zusammenfallen lassen können. Da jetzt auch $\mathfrak{W}$ eine Ellipse sein soll, so können wir durch eine geeignete affine Transformation, die $\mathfrak{p}$ und $\mathfrak{q}$ in Ruhe läßt und die Grundebene in sich überführt, $\mathfrak{W}$ in einen Kreis verwandeln. Dann wird aber, wenn man unsere Konstruktionsvorschrift heranzieht, $\mathfrak{E}$ zu einer Drehfläche um die Achse $\mathfrak{p}\,\mathfrak{q}$, also, da die Meridiankurven Ellipsen sind, zu einem Umdrehungsellipsoid. Somit war auch die dazu affine ursprüngliche Eifläche notwendig ein Ellipsoid, w. z. b. w.

Auf das gefundene Ergebnis lassen sich einige andere zurückführen, z. B.:

Liegen die Mitten eines Bündels paralleler Sehnen von einer Eifläche immer in einer Ebene, so ist die Eifläche ein Ellipsoid (Brunn).

Parallele ebene Schnitte einer Eifläche liegen nur im Falle des Ellipsoids immer zueinander ähnlich.[2]

---

[1] In der Ausdrucksweise von S. Lie kommt das auf die bekannte Tatsache hinaus, daß jede Eilinie, die eine stetige Gruppe von Affinitäten gestattet, eine Ellipse ist.

[2] In der Ebene gibt es folgende ähnliche Aufgabe: Man soll alle Eilinien aufsuchen, bei denen es wie bei einer Ellipse zu jedem Durchmesser einen „konjugierten" gibt, sodaß die Tangenten in den Endpunkten irgend eines der beiden zum andern parallel laufen. Diese Eilinien, von denen es außer den Ellipsen noch sehr viele andere, auch ebenfalls algebraische gibt, ergeben die Lösung eines von Carathéodory gestellten Problems der Variationsrechnung und sind von J. Radon untersucht worden: Über eine besondere Art ebener konvexer Kurven, Leipziger Berichte, Mathem. Phys. Klasse 68 (1916). Radon hat u. A. bemerkt, daß diese Eilinien dadurch gekennzeichnet sind, daß sie durch Korrelationen von der Periode Vier in sich selbst übergeführt werden.

Eine andere derartige, vielleicht nicht ganz einfache Aufgabe wäre die folgende: *Es sind alle Eiflächen zu ermitteln, bei denen die Schnittpunkte je dreier paarweis aufeinander senkrechter Tangentenebenen nur eine Fläche erfüllen.*

Im allgemeinen wird die Menge der Schnittpunkte innere Punkte haben. Beim Ellipsoid und (wie ich an andrer Stelle gezeigt habe) nur bei diesem ist die Fläche eine Kugel.

VIII. Die Mindestzahl der Scheitel einer geschlossenen konvexen Kurve.

Als einfachstes Beispiel eines differentialgeometrischen Satzes im großen über Eilinien sei der folgende erwähnt, der zuerst 1909 von dem Inder S. Muckhopadhyaya und allgemeiner von A. Kneser in der Festschrift zum 70. Geburtstag von H. Weber (Leipzig 1912) bewiesen wurde:

Auf einer Eilinie liegen mindestens vier Scheitel. Dabei soll in Verallgemeinerung einer bei den Kegelschnitten geläufigen Ausdrucksweise ein Punkt der Eilinie „Scheitel" genannt werden, wenn in ihm der Krümmungshalbmesser ein Extremum wird.

Vielleicht der einfachste Beweis dieses hübschen Satzes läßt sich auf Grund einer mechanischen Deutung von Formeln der ebenen Differentialgeometrie erbringen. Denken wir auf unserer Eilinie K einen „positiven" Umlaufsinn ausgezeichnet. Den Winkel der positiven Kurventangente an K mit einer festen x-Richtung nennen wir τ. Der Krümmungshalbmesser $\varrho = ds/d\tau$ wird als stetige Funktion von τ vorausgesetzt. Für die rechtwinkligen Koordinaten x, y eines Kurvenpunktes P ergeben sich dann die Werte:

$$x - x_0 = \int_{\tau_0}^{\tau} \cos\tau \cdot ds = \int_{\tau_0}^{\tau} \varrho \cos\tau \cdot d\tau, \quad y - y_0 = \int_{\tau_0}^{\tau} \sin\tau \cdot ds = \int_{\tau_0}^{\tau} \varrho \sin\tau \cdot d\tau.$$

Aus der Geschlossenheit von K folgt also (vgl. S. 116 oben)

$$(*) \qquad \int_{-\pi}^{+\pi} \varrho \cos\tau \cdot d\tau = 0, \qquad \int_{-\pi}^{+\pi} \varrho \sin\tau \cdot d\tau = 0.$$

Zur positiven Tangente im Kurvenpunkte P legen wir durch den Koordinatenanfang O den gleichsinnig parallelen Einheitsvektor OP'. Sein Endpunkt P' mit den Koordinaten $x' = \cos\tau$, $y' = \sin\tau$ beschreibt den Einheitskreis K' um O, wenn P die Eilinie K durchläuft. K' belegen wir nun derart mit positiver Masse, daß die Dichte in jedem Punkte P' von K' gleich dem Krümmungshalbmesser ϱ im zugehörigen Punkt P von K wird. Dann sagen die

Formeln (*) aus: *Der Schwerpunkt dieser Massenbelegung der Kreislinie K′ fällt in ihren Mittelpunkt O.*

Aus der Stetigkeit der Funktion $\varrho(\tau)$ folgt die Existenz eines größten und eines kleinsten Wertes von ϱ auf K, also die Existenz von zwei Scheiteln. Da ferner zwischen zwei Größtwerten immer ein Kleinstwert liegen muß, so können die Extreme nur in gerader Zahl auftreten. Wenn man daher zeigt, daß es keine Eilinie mit nur zwei Scheiteln gibt, so ist Vier als Mindestzahl gesichert.

Nehmen wir nun an, es gebe eine Eilinie K mit nur zwei Scheiteln A und B, die dem kleinsten und größten Werte von ϱ entsprechen, und zeigen wir, daß diese Annahme zu einem Widerspruch führt. Die Punkte auf dem Einheitskreise K', die den Scheiteln A und B zugehören, seien A' und B'. Die Dichte ϱ wächst dann auf beiden Kreisbogen zwischen diesen Punkten monoton von A' bis B' hin. Die Richtung der Sehne von A' nach B' möge etwa als positive y-Richtung gewählt werden. Dann ist nach (*)

$$\int_{-\pi}^{+\pi} \varrho \sin\tau \, d\tau = \int_{0}^{\pi} \{\varrho(+\tau) - \varrho(-\tau)\} \sin\tau \, d\tau = 0 \, .$$

Aus dem monotonen Verlauf der stetigen Funktion $\varrho(\tau)$ zwischen A' und B' folgt aber, daß die stetige Funktion unter dem zweiten Integral in den inneren Punkten des Integrationsintervalls positiv ist, daß also das Integral nicht verschwinden kann. Mechanisch ausgedrückt: Zerlegt man K' in zwei Halbkreise, so ist der, welcher B' enthält, schwerer, der Schwerpunkt kann also nicht in den Kreismittelpunkt O fallen.[1]

Es sei schließlich noch ein allgemeinerer Satz über Eilinien erwähnt, der den „Vierscheitelsatz“ als Sonderfall enthält:

Wird eine Eilinie von einem Kreise in 2n Punkten geschnitten, so hat sie auch mindestens 2n Scheitel.

Die Eilinien mit nur vier Scheiteln sind von C. Juel untersucht worden: „Om simple cykliske Kurver“, Danske Vidensk. Selsk. Skrifter (7) **8**, 6 (1911).

[1] Circolo di Palermo **36** (1913), S. 220—222. Andere Beweise von H. Mohrmann, ebenda **37** (1914), S. 267—268 und dem kürzlich im Kriege gefallenen W. Vogt in Crelles Journal **114** (1914), S. 239—248. Ferner ein Beweis von G. Herglotz in W. Blaschke, Einführung in die Differentialgeometrie, Springer-Verlag 1950, S. 18. Dazu auch projektive Verallgemeinerungen von Herglotz und Barner.

IX. Weiteres zur Differentialgeometrie der Eiflächen.

A. Zur affinen Geometrie.

Ellipse und Ellipsoid haben ähnliche isoperimetrische Eigenschaften wie Kreis und Kugel. Man vergleiche darüber W. Blaschke und K. Reidemeister, Vorlesungen über Differentialgeometrie II, Affine Differentialgeometrie, Berlin, Springer 1923.

B. Zur konformen Geometrie der Eiflächen.

Es liegt nahe, sich folgende Fragen vorzulegen:

1. Läßt sich etwas aussagen über den Verlauf der Krümmungslinien auf einer Eifläche?

2. Damit zusammenhängend wäre die Kurve C aller Punkte auf einer Eifläche E zu untersuchen, in denen ein Hauptkrümmungskreis E 4punktig berührt. Die Doppelpunkte dieser C könnte man als „Scheitel" von E bezeichnen. Für ein Ellipsoid besteht C aus den Schnittlinien mit seinen Symmetrieebenen.

3. Betrachtung der die Eifläche E zweimal berührenden Kugeln. Die Paare ihrer Berührungspunkte bilden auf E eine „Involution", die C zur Doppelinie hat.

4. Betrachtung der E dreimal berührenden Kugeln.

5. Nabelpunkte von E, das heißt Punkte, in denen eine Kugel E in zweiter Ordnung berührt. C. Carathéodory hat vermutet, daß auf jedes E mindestens zwei verschiedene Nabel liegen. Dazu Untersuchungen von H. Hamburger 1940. Vgl. auch W. Blaschke, Einführung in die Differentialgeometrie 1950, S. 58—60, und W. Blaschke und G. Thomsen, Vorlesungen über Differentialgeometrie III, Differentialgeometrie der Kreise und Kugeln, Berlin, Springer 1929.

C. Innere Metrik einer Eifläche; Geodätische Linien.

6. H. Poincaré hat behauptet: Auf jeder Eifläche liegen mindestens drei geschlossene Geodätische, Amer. Math. Soc. Trans. **6**(1905). Über diese Fragen hat insbesondere A. Speiser gearbeitet.

7. Ungelöst ist die Frage nach allen Eiflächen, die nur geschlossene Geodätische besitzen. G. Darboux hat alle Drehflächen dieser Art ermittelt, Théorie Générale des Surfaces III, S. 4—9. Darüber Göttinger Dissertationen von O. Zoll 1903 und P. Funk 1914.

8. Dazu gehören insbesondere auch alle Eiflächen mit „Gegenpunkten", bei denen nämlich alle Geodätische durch irgendeinen Punkt P von E immer wieder durch den Gegenpunkt P' von P laufen („Wiedersehensflächen"). Solche Flächen haben notwendig einen Mittelpunkt, bezüglich dessen die Gegenpunkte Spiegelbilder sind. Im Sinn der Variationsrechnung sind die Gegenpunkte „konjugiert" auf jeder hindurchlaufenden Geodätischen.

D. Starrheit der Eiflächen.

9. Zunächst über die Starrheit der Vielflache (Polyeder). In Zusammenhang mit einer Behauptung EUKLIDS im letzten Buch seiner „Elemente" hat auf Anregung des alten LAGRANGE der junge CAUCHY 1813 gezeigt: Haben zwei Vielflache paarweis kongruente und gleich angeordnete Seitenflächen, so gehen die Vielflache durch eine Bewegung oder Umlegung ineinander über. Dabei wird eine „Umlegung" durch Zusammensetzung einer Bewegung mit der Spiegelung an einer Ebene erzeugt. A. L. CAUCHY, Werke (2) 1, S. 26—38.

10. Ohne die Einschränkung der Konvexität ist EUKLIDS Behauptung falsch, wie R. BRICARD am Beispiel seiner „beweglichen Achtflache" gezeigt hat, Journal de Math. 1897. Dazu auch W. BLASCHKE, Wackelige Achtflache, Math. Zeitschrift 6 (1920) und R. SAUER, Wackelige Zwölfkante, Hamburg, Abhandlungen 20 (1955/56).

11. Eine genügend reguläre Eifläche erlaubt keinen (nicht trivialen) stetigen Verbiegungsvorgang (Formänderung mit Erhaltung der Kurvenlängen). Das hat zuerst H. LIEBMANN in Math. Annalen **53**, **54** (1900, 1901) gezeigt und einfacher W. BLASCHKE, Göttinger Nachrichten 1912.

12. Der entsprechende Satz „im Großen" stammt von ST. COHN-VOSSEN 1927: Zwei isometrische (d. h. längentreu aufeinander bezogene) Eiflächen werden durch eine Bewegung oder Umlegung zur Deckung gebracht. Der einfachste Beweis stammt von G. HERGLOTZ 1942, vgl. W. BLASCHKE, Einführung in die Differentialgeometrie 1950, § 67. Ohne Regularitätsbeschränkungen hat A. D. ALEXANDROW diesen Satz bewiesen. Siehe das eingangs genannte Buch.

13. Zu den Eindeutigkeitssätzen 9. und 12. gehören nun auch *Existenzsätze.* Zunächst hat A. D. ALEXANDROW 1941 gezeigt: Ist Gestalt und Anordnung der Seitenflächen eines (geschlossenen und „konvexen") Vielflachs vorgeschrieben (also sein „Netz" im Sinn der Elementargeometrie bekannt), so ist stets ein solches Vielflach vorhanden.

14. Der entsprechende Existenzsatz für Eiflächen: Ist auf der Kugelfläche eine Gaussische Metrik positiven Krümmungsmaßes vorgeschrieben, so gibt es dazu immer eine Eifläche. Einen Beweis hat H. WEYL angedeutet, G. HERGLOTZ und W. BLASCHKE haben die Behauptung auf ein Variationsproblem zurückgeführt, R. CACCIOPPOLI hat den ersten Beweis unter Einschränkungen und A. D. ALEXANDROW den ersten allgemeinen Beweis erbracht, wie man am besten in seinem Buche nachlesen kann, das der Differentialgeometrie auf einer allgemeinen konvexen Fläche ohne Differenzierbarkeitsbeschränkungen gewidmet ist und viele weitere Ergebnisse bringt.

[1] Man vgl. die Zitate in der Enzyklopädie III D 6a, A. Voss, S. 400.

15. H. MINKOWSKI hat mittels eines Variationsproblems gezeigt 1901: Ist von einer Eifläche das Gaussische Krümmungsmaß K (mit einer notwendigen Einschränkung) im sphärischen Bilde vorgegeben, so gibt es dazu (bis auf Schiebungen) genau eine Eifläche. Die Einschränkung besteht darin, daß

$$\int \frac{d\,O}{K} = 0$$

sein muß, wenn $d\,O$ das vektorielle Oberflächenelement der Einheitskugel bedeutet. MINKOWSKI, Werke II, S. 128, 270. Darin ist die Unverbiegbarkeit der Kugelfläche enthalten, die auch D. HILBERT bewiesen hat.

16. Zu guter Letzt noch ein Hinweis auf eine naheliegende aber stachlige Frage. Wir hatten J. STEINERS Formel für den Rauminhalt paralleler Eikörper im Abstand ϑ auf S. 102 nämlich

$$J(\vartheta) = J + O\,\vartheta + M\,\vartheta^2 + \frac{4\pi}{3}\,\vartheta^3 .$$

Setzt man nun

$$x = \frac{4\pi O}{M^2}, \qquad y = \frac{48\,\pi^2 J}{M^3},$$

so kann man nach dem Gebiet fragen, das von den Punkten x, y der Ebene bedeckt wird, die zu allen Eikörpern gehören, also nach der *Gesamtheit der Beziehungen zwischen* J, O, M. Dazu vergleiche man in H. HADWIGERS Buch „Altes und Neues über konvexe Körper“ § 28. Dort findet sich auch am Schlusse eine sehr vollständige Zusammenstellung des Schrifttums über Eikörper.

Namen- und Sachweiser

Die Zahlen geben die Seiten an.

FSC
www.fsc.org
MIX
Papier | Fördert
gute Waldnutzung
FSC® C083411

Kolibri 360 GmbH
Ferdinand-Jühlke-Straße 7
99095 Erfurt, Deutschland
produktsicherheit@kolibri360.de